思い出のクラウドサーファーと

On ジャパン立ち上げの際、最初に採用した二人、カズとヤスコ。二人との出会いこそ、僕にとっては最初の奇跡でした。ありがとう。

（手前から）THE ROGER、クラウドモンスター、クラウドエクリプス

いつも一緒に走ってきた、駒田氏お気に入りのランニングギア。ウェザージャケット（右上）、パフォーマンスーT（左上）、エッセンシャルショーツ（右下）、クラウドサーファー（左下）。

なぜ、Ｏｎを履くと心にポッと火が灯《とも》るのか？

駒田博紀

はじめに

超レッドオーシャンに、いきなり広がった雲

奇跡的だ、と言われたことがあります。ありえない、と言われたこともあります。確かにそうかもしれません。

ナイキ、アディダス、アシックス、ニューバランス……。世界的な超有名ブランドがひしめくのが、ランニングマーケットです。ビジネスの用語でいえば、まさに超レッドオーシャン市場。こんなところに今さら進出するブランドはいない。誰もがそう思っていたのではないかと思います。

しかし、ここで日本に進出してわずか10年のブランドが、自分たち自身でも驚くほどの成長を遂げることができたのです。いきなり広がった雲のように。

そのブランドは今では、「世界で最も成長率の高いスポーツブランド」と呼ばれています。それが、On（オン）です。スイスで2010年に元プロアスリート、元コンサルタントたちがスタートさせたスポーツブランドです。

Onのシューズを履いている人が、自分以外に履いている人を見つけると、つい声をかけたくなる。そんな話をよく聞きます。訪問した取引先の人が履いていて、「実は、私も……」などと意気投合してしまった、という話も耳にします。

履いている人がみんな楽しそうにしている。履いている人がみんな笑っている。履いている人がみんな幸せに見える。そんなふうにOnを表現してくれる人もいます。

ありがたいことです。

僕は2012年末、日本に入ってきたOnの、正規品の1足目のサンプルを手にした人間です。当時、日本で輸入総代理店をしていた商社に勤務しており、ある日突然、Onの担当を命じられました。

目の前にポンと置かれたサンプル。「5年でメジャーブランドにせよ」という上司の言葉。唖然としたのを覚えています。ランニングマーケットを少しでも知っていれば、それがいかに無謀なことかは誰の目にも明らかでした。

しかも、驚くべきことに、マーケティング予算は年間400万円しかありませんでした。もはや絶望的な状況です。

しかし、これが結果的に功を奏したのかもしれません。お金が使えないからこそ、誰もやらなかったやり方で、僕はOnを日本に展開していくことになったからです。僕は自ら、苦手だったランニングの世界に飛び込み、トライアスロンにも、アイアンマンレースにも挑みました。そんな個人的な挑戦は、関わってくださる方々の共感を少しずつ得ていったようです。Onを好きになってくださる方々のコミュニティが拡大していき、それがOnのブランドイメージと相まって、驚くほどの成果を生んだのでした。

後にOnFriends（オンフレンズ）と呼ばれるようになったOnのファンがコミュニティの起点となり、その方々がOnを広めてくださったのです。これは後に、On独自のコミュニティマーケティングと言われるようになります。

Onは2015年に日本法人を横浜に設立、僕はこのOnジャパンで日本の「現場監督」を務めてきました。

どう考えてもうまくいくはずがない……。誰もがそう思う状況で、僕がそんな絶望的とも思える挑戦を引き受けることにしたのには、理由がありました。当時35歳だった僕もまた、個人的に絶望的な状況にあったからです。

大学在学中から司法試験に挑戦していた僕は、司法浪人を経て結局、その道を断念しました。失意のままに、なんとか見つけた就職先からも逃げ出しました。転職先でようやく少しだけうまくいき始めたら、今度は調子に乗って傲慢になり、上司から疎《うと》まれ……。

プライベートもどん底でした。当時の妻とうまくいっておらず、家に帰るのが極度のストレスになっていました。そして、僕は家族を失うことになります。

振り返れば、逃げ続けた人生でした。司法試験からも、就職からも、人付き合いからも……。しかし、物事から逃げれば、それは必ずや違う形をとって襲いかかってくる。僕が逃げてきた物事全てが一気に襲いかかってきたのが、まさにＯｎを任されたタイミングだったのです。だから、もう逃げるわけにはいきませんでした。ここで逃げたら、僕の人生は終わってしまう。そう直感しました。僕は、全てをＯｎに懸けることにしたのです。

Ｏｎとは、何なのか。なぜＯｎは、わずか10年でこれほどの支持を得るに至ったのか。取材などで、そう問われるようになりました。そこで、書くことを勧められたのが本書です。

Ｏｎは僕の人生を変えてくれました。Ｏｎを語ることは、すなわち僕個人を語ることでもあります。しかし、単に個人の物語ではないとも思っています。Ｏｎが僕の人生を変えてくれたのと同じように、Ｏｎが、あるいは何かが人生を変えてくれた人もきっといると信じているからです。

この本を書くことで、もしかしたらそんな誰かのお役に立てるのかもしれないと思いました。

Ｏｎと僕のストーリーを、知っていただけたら幸いです。

駒田博紀

Contents

第2章 「お前は何がしたいんだよ」の衝撃

第3章 これ、チャンスなのかもしれない

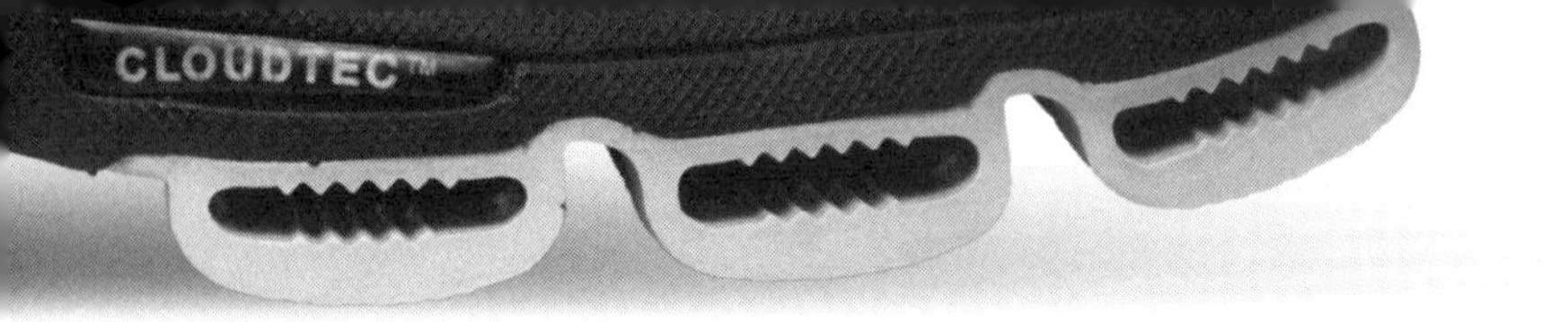

第4章 全部ゼロにして、出直そう

第5章 まさかの「Onジャパン」発足

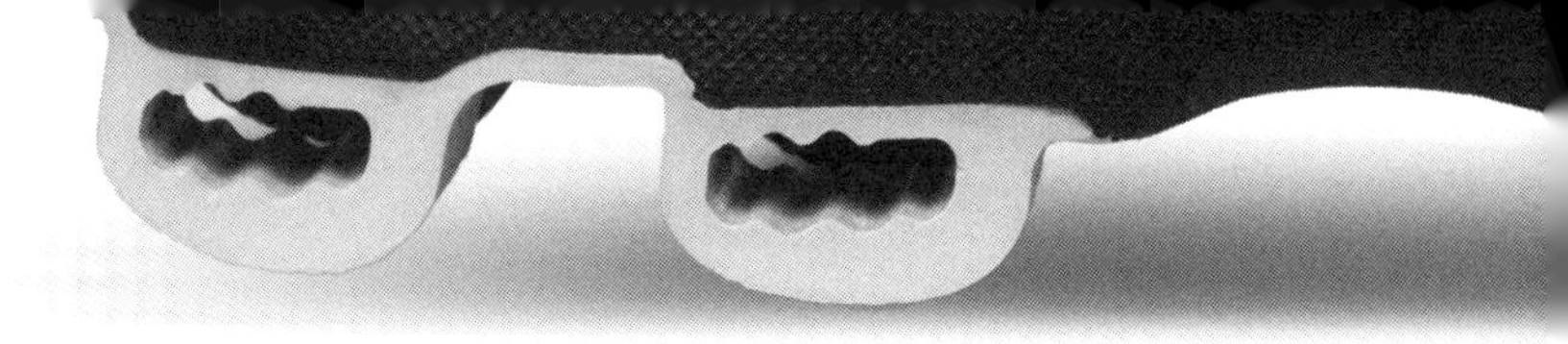

第6章 数字だけでは見えない世界

第7章 人と人を繋げ、笑顔を広める

ブックライター／上阪徹
写真／鈴木規仁
デザイン／榎本剛士 パイクデザインオフィス
編集／ 二本柳陵介

※本書は、著者個人の経験及び見解に基づき執筆されております。On AG またはその関連会社は、本書の執筆とは関係がなく、本書に含まれる内容その他の情報について承認しているものではありません。

第1章

司法試験受験に失敗。27歳の絶望

縦にOnと書いて「オン」

東京・原宿から渋谷を繋ぐキャットストリート。世界的に知られるブランドショップから古着屋、個性的なカフェ、フードスタンドなどが立ち並び、流行の発信基地と呼ばれることもあります。

ここに、Onはお店を構えています。その名も「On Tokyo」。ランニングシューズやテニスシューズ、スニーカーをはじめ、シャツ、パンツ、ジャケットなどのアパレルも揃った旗艦店です。

ありがたいことに、平日でもたくさんの方がお見えになります。しかも、全国から。わざわざ場所を調べて来てくださるようです。中には、海外からやってくる人も少なくありません。アジアでは唯一の旗艦店だからかもしれません。

Onは2010年、スイスのチューリッヒでランニングシューズブランドとして生まれました。縦にOnと書いて「オン」と読みます。アルファベットは普通、横書きですから、どう読めばいいのか分からなかった、という人も少なくありませんでした。

ロゴマークの「O」が「Q」にも見えて、「これ、『キュン』ですか?」と聞かれたこともあります。

Ｏｎは、「スイッチオン」を意味します。楽しさのスイッチをオンにするという意味と、雲の上を走るような走り心地「Run on clouds」のオンの意味が込められています。

ロゴマークの「Ｏ」には出っ張りのようなものがありますが、これはスイッチです。このスイッチをカチッとひねると、楽しさのスイッチがオンになる。それが、Ｏｎというブランドネームの由来です。

そして、シューズをご覧になった方がまず驚かれるのが、靴底の形状です。空洞がいくつも作られている。まるで、ゴムホースを靴底に貼り付けたようだという人もいます。実際、創業者の一人がまさに靴底にゴムホースを貼り付けて走ったところから、シューズを開発したので

原宿にある「On Tokyo」の２階。東京都渋谷区神宮前5-17-27。

す。

彼はプロトライアスリートでした。しかし、アキレス腱の慢性的な炎症に苦しみ、走れなくなってしまった。どんなランニングシューズを履いても痛い。そこで、脚が痛くならないランニングシューズを自分で開発しようと考えた。そして、生まれたのがＯｎでした。

履いてみたら、思わず走り出したくなる

ランニングシューズには衝撃を吸収するメカニズムがありますが、その多くは垂直方向の衝撃を吸収するようにできています。しかし、走るときはその場でジャンプするわけではありません。前に進むからです。だから脚への衝撃は、実は斜め方向にかかることは、イメージしやすいと思います。Ｏｎのランニングシューズは、この斜め方向の衝撃を受け止めてくれるのです。その技術は、世界特許を取得しています。

履いてもらえばすぐに分かるのですが、クッションが素晴らしいのです。そして、思わず足を前に出してみたくなる。走り出したくなる。実際に走ると楽しくなるのが、Ｏｎのランニングシューズです。まさに、楽しさのスイッチがオンになるのです。

さらに、スイスらしいというべきか、これまでになかったようなデザインやカラーリングに注目してくださる方も少なくありません。「ちょっと違うね」「ユニークだね」「面白いね」と言っ

世界特許技術CloudTec® システム。

てくださる。だからでしょうか、Onを履いている人が、自分以外にOnを履いている人を見ると、思わず話しかけてしまったりするのです。

「あっ、あなたもOnですね！」と。それだけで、お互いニッコリする。実はこれ、日本のみならずアメリカやヨーロッパでも同じなのだそうです。

日本では、ランニングイベントを多く開催してきたこともあって、みんなでワイワイ走る楽しいランニングシューズ、というイメージがあるようです。日本全国の様々な場所で、20人、30人、多いところでは100人以上が集まって、みんなで走るイベントを行っています。

イベントでOnを履いているかどうかは、あまり関係ありません。僕たちがお伝えしたいのは、まずはランニングの楽しさ。そのスイッチをオンにする心地よさ。そしてランニングは、チームで走るとより楽しくなるということです。

僕がランニングイベントに参加するときには、最後だけは全力で走り切って、ゴールで皆さんを待ち構えます。そして、ハイタッチで全員を迎えます。この瞬間が、僕は大好きなのです。そして、ご参加いただく皆さんにも、楽しかったと言っていただけます。

2013年に初めて日本にやってきたとき、文字通り誰も知らなかったOnでしたが、おかげさまで今や価格帯によっては日本で最も売れているランニングシューズブランドになっています。

メジャーブランドにせよ。ただし、予算は400万円

僕とOnとの出会いは、2012年末に遡ります。当時の僕は、スイスに本拠を置く商社の日本法人、DKSHジャパンに勤務していました。DKSHジャパンは、まだ生まれて3年目だったOnの、アジア太平洋地域の輸入総代理店になります。

当時、カジュアルウォッチのブランド「タイメックス」の営業を担当していた僕は、2012年12月のある日、事業部のトップに呼ばれました。普段、関わりがほとんどない上司の上司の、そのまた上司です。その彼は、僕の目の前にポンとサンプルシューズを置き、こう言いました。

「Onというスイス生まれのランニングシューズのブランドがある。このブランドを新しく扱うことになった。アジア太平洋地域が対象だが、まずは日本。確か、駒田くんはスポーツ流通に関わりがあったね？　というか、スポーツ好きだよね？」

僕の担当はカジュアルウォッチの「タイメックス」で、偶然ながら主要取引先にスポーツ用品店が多かったのです。ですが、特にスポーツが好きだったわけではありません。ましてや、走ることは子供の頃から最も嫌いなことの一つでした。

「いえ、そんなことはないです。僕がやっているのは空手でして。そもそも、走ることは何より嫌いで……」

しかし、上司はそんな話は全く聞いてくれませんでした。

「いや、もう君しかいない。君にやってもらいたい。断る選択肢はないと思ってほしい。このブランドをやるか、会社を辞めるか……」

僕は当時、営業としてある程度の結果を出していました。しかし、残念なことに結果にうぬぼれて傲慢になっているところがありました。自分でも分かっていました。他部署のメンバーや上司からは、生意気だと煙たがられていたことを。もしかして、これは厄介払いなのかな、と思いました。

しかも当時の僕は、プライベートもどん底の状況にありました。その年の9月、2歳の子供がいるのに妻とどうしてもうまくいかず、結局別れることを選択した直後のタイミングでした。

そんな中、委ねられたのがOnでした。僕に与えられた役割は、それを5年でメジャーブランドにすること。そんなこと、できるはずがない……。

その頃の僕は、自分の人生は絶望に満ちていると思い込んでいました。歳を重ねるごとに、状況はどんどん悪くなっていった。たくさん傷つき、辛く苦しく、何より恥ずかしかった。そこから逃げて、ようやく辿り着いた先で、またこれか……。そんなふうに思っていました。

しかし、そんな僕の人生を、Ｏｎは大きく変えることになるのです。

世界のどこでも自分の言葉で語れるような人間になれ

僕は東京・大田区で生まれました。脱サラして英語塾を始めた父、専業主婦の母、妹の４人家族でした。

父の実家は決して裕福ではありませんでした。父は2年浪人してお金を貯めて大学に入り、大手電機メーカーに入社しました。留学経験もないのに努力して英語が堪能になり、ほぼネイティブレベルでした。ほどなく、外国人講師を企業に派遣する仕事で起業します。

その後、母の実家を建て替えてスペースを作り、英語塾を始めました。子供から大人まで生徒さんが出入りしますから、なかなか賑やかな家でした。とても明るい雰囲気のもとで、僕は育ちました。

小学校から塾に行かせてもらい、中学受験をして高校まで私立の法政大学第二中・高等学校に通いました。そしてそのままエスカレーターで大学に進みます。

高校時代には、家族全員でハワイ旅行に行ったことを覚えています。日本でバブルが弾けた頃のハワイですから、贅沢させてもらっていたのだと思います。実際には、父は一人苦しんでいたのですが、それを知るのはもっと後のことです。

子供の頃、ずっと父に言われていたのは、「世界のどこに行っても自分の言葉で語れるような人間になれ」でした。日本語で語れないことは、英語でも語れない。だから、とにかく語れる言葉を持て、とよく言っていました。

また、外国人の前で日本人として語れない人は、国際人にはなれない、という言葉もよく覚えています。ナショナルではない人は、インターナショナルにはなれない、ということ。父親が英語塾の講師でしたから、授業に潜り込んだりして、英語は得意でした。

母からの影響は、色々な本を与えてもらったことです。小学校のときに作文を書いたことがあり、読書好きの母親が面白がって読んでくれました。

「あなたの文章は洒脱でなかなかいいわよ、私は好きよ。いつか、ものを書く仕事をするかもしれないわね」と言われたことを、今でもよく覚えています。おかげで、書くことが好きになりました。

父からも母からも、言葉を大事にする、自分の意見を言葉にすることを大事にする、という影響を受けた気がします。一方で、僕は性格的に妙に真面目でした。融通が利かないほどに正義感が強かった。このことが、後に自分自身を追い込むことになります。

喘息で走れない。走らされることがこの世で最も嫌いに

子供の頃に覚えていることといえば、身体がものすごく弱かったことです。僕が生まれた当時、神奈川県の川崎市で公害による喘息が多発するのですが、僕も3歳で喘息にかかってしまいました。

僕が住んでいた大田区は、多摩川を挟んだ向こう側に川崎があります。小学校のときは、光化学スモッグ注意報がしょっちゅう発令されていました。注意報が発令されなくても、外で遊ぶことは辛かった。外に出ると、砂埃が入って胸が苦しくなるのです。

勉強はできた子供でした。おまけに父親の影響からか、口が達者で自分の意見をスラスラと主張したりする。思い切り正論をぶつけるのです。それなのに、身体は弱い。となると、始まったのがちょっとしたイジメでした。子供はある意味で残酷です。格好のターゲットになってしまったのです。

しかし、そんなイジメよりも辛いことが学校にはありました。それは、走らされることでした。すると、喘息で苦しくなるのです。僕にとって、走ることは恐怖そのものでした。だから、運動はほとんどしませんでした。

でも、このままではまずいと思いました。だから、中学に入ったときに、走らなくていいスポ

ーツをやろうと考えました。選んだのは、剣道。剣道なら体育館の中でやるわけだし、走ったりすることはないだろう、と。

大きな間違いでした。竹刀なんて、いきなり持たせてはもらえません。「とりあえず、グラウンド10周」から始まるわけです。ロクに運動したこともないのに、10周なんてできるはずがない。それでも、なんとか頑張ろうとしました。できませんでしたが。

こうして、この世で最も嫌いになったのが、走らされることでした。体育の授業でも、走らされるのが大嫌いでした。やがて、走ることといえば、人に強制されることというイメージが僕の中にできていきました。とりあえず10周走れ、罰として走れ……というわけです。

この頃から、人に何かを強制され、やりたくもないことをやらされる、ということが大嫌いになっていきます。加えて、自分の身体の弱さと相まって、ランニングというものに対して強い嫌悪感を持つようになっていったのです。

こんな僕が後に、ランニングシューズを販売する仕事をするわけなので、本当に人生は分かりません。走ることが大好きになり、アイアンマン・トライアスロンにまで出ることになるのですから。

僕は結局、3ヶ月で剣道を諦めました。これはショックでした。途中でやめて逃げ出したことは、正論好きな自分自身を傷つけました。自分は逃げるような人間なのか、と落ち込みました。このままではダメな人間になるのではないか、とまで思いました。

そんな僕を見かねて、母親が教えてくれたのが、近所の空手道場の存在でした。

人と比べるな。ゆっくり上達すればいい

家から5分ほどのところに、空手道場がありました。住宅街にある、小さな町道場です。母と一緒に行ってインターフォンを押すと、中から出てきたのは高齢の男性でした。「入門の書類はこれです」と差し出されたとき、手が震えているのが見えました。

このおじいさん大丈夫かな、とそのときは思ったのですが、実はこのおじいさんこそ、最高師範だったのでした。メチャクチャ強かったのです。

稽古は全て道場の中で完結しました。外を走らされたりすることはありませんでした。試合が強制的に組まれることもなく、自分のペースで練習できました。弱いなら弱いなりに少しずつ上達していけばいい、という雰囲気。

それでも当時の僕には運動そのものがキツかったのですが、だんだん週1回の稽古が楽しみになっていきました。今日より明日、明日より明後日と、少しずつ身体が強くなっていく実感もありました。

空手の稽古には、型と組手があります。昔の先生たちが技を凝縮して、これを練習すれば戦えるというエッセンスを詰め込んだのが型。いろんな型を学ぶと、いろんな戦い方ができるようになります。その型の中に含まれる意味を考えたりして、組手に活かしていく。組手でできなかったことを、もう一度、型に戻って練習する。型と組手を行ったりきたりするのが、空手の稽古でした。

僕にとって、何より良かったのは先生の基本的なスタンスでした。

「人と比べなくていい」

僕は運動ができなかったし、不器用でした。そんな僕でも、ゆっくり上達すればいい、と言ってもらえたのです。だから、例えば正拳突きのような基本技を1時間でも2時間でも練習していましたが、先生たちはじっと見守ってくれました。

剣道部から逃げた僕は、ここから逃げたらもうダメだと思っていました。身体が弱いなら、弱いなりに強くなる努力をしないといけない。そうでなければ、人としてダメかもしれないという怖さがありました。

ただ、なかなか強くなれませんでした。どうして自分には、こんなに力がないのだろうと悲しくなりました。

一人、また一人とやめていく中で

道場にいると、才能に溢れた人がいることに気付きました。僕ができないことを、いとも簡単にやってしまう。組手をしても、全く歯が立たない。どうして彼にできることが僕にはできないのか、と思いましたが、そのうち、仕方がないと思えるようになりました。他人を気にしても、どうにもならないからです。

不思議なことに、才能に溢れた人はあっさりやめていってしまうことがありました。空手は反復練習の繰り返しですから、同じことばかりで飽きてしまったのかもしれません。ボクシングの方がカッコいいし強い、と言っていなくなってしまった人もいました。

一人、また一人とやめていく中で、僕は残っていました。13歳から始めて3年、高校のときに黒帯をいただきました。これは本当に嬉しかった。初めて、運動で認めてもらえたのです。今でも空手をやりますが、僕が締めている黒帯は、このときにいただいたものです。

高校では勉強に熱心になり、試験期間などは稽古に行けませんでしたが、道場の先生からはこう言われました。

「心の中で、空手家であればいい」

鍛えて強くなることばかりが空手ではない。生活に活きる空手を追求しなさい。心の中で空手家であることをやめなければいい、と。

空手家とは何か。その答えは、稽古前に唱えていた道場訓にありました。

1. 常に礼に始まり礼に終わることを忘れるな
2. 敵を作るな　平和な心を養え
3. 自己を高く評価するな　弱きに失するな
4. 常に沈着であれ　冷静を保て
5. 腕力に訴えるより仁慈を施せ
6. 何人をも容れ得る器量を養え
7. 相手の権利を尊べ　自己の義務を果たせ
8. 修練は真剣に

今でも諳《そら》んじることができます。

しかし、あれだけ唱えていた道場訓を、実は全く理解できていなかったことに後に気付くことになります。

仕事で結果が出るようになると傲慢になり、当時の妻に対しても良くないふるまいをし……。

大失敗し、自分を責めることになるのです。

何か理由があったわけではなかった司法試験受験

先にも少し触れましたが、僕は勉強だけはできました。高校時代の成績は、体育以外は全て10段階評価で10。高校3年間の通算成績は、学年で2番でした。

通っていたのは法政大学の付属校だったので、どの学部にも進むことができました。当時、最も偏差値が高かったのが、法学部法律学科でした。では、そこで最も高いレベルの目標は何だろうかと考えたとき、思い浮かんだのが司法試験でした。

特に何か理由があったわけではありません。自分は勉強ができるのだということを、証明したかっただけなのだと今では思います。ともかく、大学に入ってすぐに司法試験を受けることを決めていました。

大学2年生になってからは司法試験の予備校に通わせてもらったのですが、このときに論理的思考力や文章表現力などを先生に褒めてもらったこともあり、完全に「いけるな」と思いました。両親も応援してくれました。向いていると思う、とも言ってくれました。あなたは正義感が強いから合っていると思うよ、と。

確かに、曲がったことは嫌いでした。理不尽なことも嫌でした。理由なく命令されるのも嫌でした。目的を説明せず、ひたすらやらされるのも嫌。とにかく理屈っぽかったのです。

これを正義感の強さとして両親は評価してくれていたのだと思いますが、実はこの「正義感」が後々、落とし穴となって僕を待ち構えることになります。

何が正しいのか、どうあるべきか、にばかりこだわったからです。相手が正しくないと思ったら論破を試みました。俺が間違っていると思うなら反論してみろ、と迫りました。それができないなら俺が正しいはずだ、と主張しました。

職場でも家庭でも、こんなふうに言い続けた結果、僕は一人になってしまうのです。正しいことを言っているのに。正しいはずなのに。そんなふうに思っていました。

でも、それに気が付くのは後のことです。当時の僕は、正義感の強さを誇りに思っていました。弁護士か裁判官という正義感を活かせる仕事に就くべきだ、と考えていました。

合格しないはずがない、と思い込んでいた

当時の司法試験は、最難関国家資格の一つだと言われていました。でも、合格しないかもしれないなどとは、全く思っていませんでした。俺が受からないなら誰が受かるのか、とまで思っていました。

最初は順調でした。知識も順調に得て、模試でも良い結果が出ていました。ところが大学を卒業すると、少し様子が変わってきました。当時は、大学在学中に司法試験に合格できることはまずなかったので、在学中に本試験を受けることはありませんでした。

そして卒業後、司法試験を受けて驚いたのです。30歳になっても40歳になっても、浪人して試験を受け続ける人たちがいることを知ったのです。卒業して、最初の試験に落ちたとき、そういう人たちの様子を見て、正直怖くなってしまいました。

失礼な話かもしれません。でも当時、「10年選手」などという言葉がありました。たとえ東大卒業であろうが、試験結果に関係はありません。年1回の試験に合格できなければ、いつか10年選手になってしまうのです。

そして、僕がそれまで会ったことのないような人たちが予備校にいました。誰とも交流せず、ブツブツと教科書を読んでいる。危うい雰囲気すら醸し出されている……。その姿に、僕は揺らいでしまったのです。もしかしたら、自分も数年後、こんなふうになってしまうのではあるまいか……。

折しも、大学の友達は、一流と言われるような大企業に就職していました。みんなで会うと、研修がどうだったとか、どんな仕事をしているか、などとキラキラした表情で話をするわけです。そんな彼らに「駒田は最近どうなの？」と問われ、「勉強しているよ」と答えると、こんな言葉が飛んできました。

「いいよな、駒田は勉強だけしてればいいんだから」

これに腹を立てた僕は、こう言ってしまったのです。

「勉強だけしてればいいって、お前、一度でも勉強まともにしたことあるのかよ」

場の空気が凍るのが分かりました。そういう場に出るのが嫌になりました。それ以降、一人で籠もって勉強したり、たまに空手の稽古をしたり。

そんなある日、朝のニュースで犯罪事件を取り上げていました。

「犯人は住所不定、無職の……」

「無職」という単語にぎくりとしました。実家に住んでいるので住所不定ではありません。でも、何もしていない。ということは、無職なのでは……。もしかして、自分は世間的にまずい状態なのではないか……。

信じられない未来を想像しながら、何かに取り組むことはできない

最初は、必ず合格すると思っていました。疑いもしなかった。だから、勉強を続けられました。しかし、もし目の前にある問題を本番で解けなかったら……。もしかして将来は……。そんな不安に囚われ始めると、勉強に身が入らなくなっていきました。

自分自身で信じられない未来を想像しながら、何かに取り組むことは難しいのです。僕は、未来を信じられなくなってしまいました。そうして1回、また1回と試験に落ち、恐怖はピークを迎えることになります。

その頃、大学の同級生たちは、会社で活躍し始めていました。僕の心の拠り所は、週に一度の空手だけでした。時が経っても、状況は改善しませんでした。相変わらず未来は信じられず、勉強に集中できませんでした。

3度目の挑戦で、僕は司法試験を諦めました。25歳で合格していなければ就職しようと決めていた、と周囲には言いましたが、それは方便でした。実際には、逃げたのです。自分のやりきる力を信じられなかった。未来が信じられなくなった。怖くなったのです。

だから、その後も法律の近くには寄り付きませんでした。せっかく法律を勉強していたのだから、就職するにも法律の近くにいるという選択肢だってありました。弁護士事務所に勤めながら、法律系の資格試験の勉強をする道もあった。裁判所事務官などを目指して公務員試験を受けるという選択肢もありました。でも、とにかく逃げたかったのです。

司法試験に合格できないから、その代わりにこの仕事に就いた、と思われるのが嫌だったからだと思います。実際には、そんなことは誰も思わなかったと思いますが、完全に自意識過剰になっていました。

自意識過剰なくせに、自分を信じて進むこともできないナイーブな子供。振り返れば、当時の僕はそんな人間でした。

苦しかった。周囲も期待してくれていたのに、それに応えられなかった。そんな中、ゼロからの再スタートをしなければならなくなりました。

まずは、就職しなければなりませんでした。第二新卒向けの採用ウェブサイトを開くと、掲載されていたのは小さな会社ばかりでした。

その中から、電子部品や光学部品を扱う小さな商社を選びました。商社と書いてあったのが、なんとなくカッコよく見えたからです。商社だったら英語を使うかもしれない。英語なら少しは喋れるだろう。父親の影響もあるし、と思いました。

そして、僕はその会社に採用してもらえました。これが、僕の最初の就職先になりました。

自分は昔からダメな奴だったんじゃないか

そこは、社員5人ほどの会社でした。零細企業です。覚えているのは、かなり叱られたことです。電話の取り方一つ知らない、メールの書き方一つ分からない……。いきなり、こう言われました。

「これだから勉強だけしてた奴は使えないんだよ」

今もハッキリ覚えています。「使えない」という言葉が聞こえたとき、身体が弱かった小学生時代が一気に蘇ってきました。体育の授業でサッカーをやったときのことです。まともに動けない僕に、クラスメイトが言いました。

「お前、どこまで使えないんだよ。もういいよ。後ろにいろよ」

僕は「使えない」人間なのか。この言葉は子供の心にこたえました。同じ言葉が、社会に出ていきなり突きつけられたのです、それは、強烈に僕の胸を突き刺したのでした。

「俺、昔からダメだったな。実は、そうだったんだよな……」

それなのに、自分は勉強ができるだとか、空手で強くなったとか思い込んでいた。司法試験なんてすごいね、最難関じゃないですか、なんて言われて、その気になってしまっていた。でも、蓋を開けてみたら、僕は何者でもなかったのです。何も残っていなかった。何も変わっていなかった。


仕事は、飛び込み営業でした。司法浪人時代に友達付き合いを全て断ち、勉強と空手だけしかやっていませんでした。もともと人見知り。どうやって人と付き合えばいいのかも分からない。社会性は皆無でした。営業などできるはずがありません。

どうしていいか分からず、困惑しました。子供の頃はあれほど喋ることができていたのに、全く喋れなくなってしまいました。すぐ噛んでしまう。詰まってしまう。

怖かったからでした。人にバカにされるのが怖かった。だからダメなんだ、使えない奴だ、と言われたり思われたりすることが怖かったのです。

若くして出世した課長が目の前で、電話で調子良く取引先と話している。商談がうまくいって、笑顔になっている。ところが、電話を切った瞬間に豹変して、僕を叱責します。

「お前、今日何やってたんだよ。ったく、使えねぇ」

こんな言葉が、毎日のように降りかかってきました。

会社から逃げ、失業。27歳、絶望の時代

日々、ストレスが積み重なっていきました。ひたすら辛かった。毎日、辞めたかった。その一方で、ここで逃げたらダメだ、と頭では思っていました。ただ、もう無理でした。

1年半で、会社を辞めました。またもや逃げたのです。司法試験から逃げ、最初の就職先からも1年半で逃げた。何一つ、ものになっていないという強烈な劣等感を抱えて。

当時、27歳。僕は半ば絶望していました。次の就職先は決まっていませんでした。まさに無職になりました。どこで間違えたのか。もう取り返しはつかないのか。猛烈に悩みました。

唯一の救いは、実家でした。両親は、こんな僕に何も言いませんでした。司法試験をやめたことについても、会社を辞めたことについても。言いたいことはあったのかもしれませんが、言いませんでした。

就職するときも、「弁護士や裁判官に向いているとは思うけど、確かに就職しないでいるのが辛いのは分かるよ」とも言ってくれました。実家は、優しかった。僕にとってのシェルターでした。

実際には、父親はこの頃、大変な思いをしていたのですが、それを知るのはもっと先のことです。そんなことを僕はつゆ知らず、ただただ司法浪人をして、さらに就職した会社も辞めてしまったのです。家にお金を入れることもなく、次の就職先も決まっておらず。

当時の僕は暗かった。気配をなるべく消そうとしていました。同窓会に誘われても、行けませんでした。そして、あるニュースを耳にしました。大学時代、同じサークルにいた友人が、司法試験に合格したのです。快挙でした。

おめでとうと言わなければいけなかったと思います。でも、言えなかった。そんな狭い心を隠しておきたかった。そういう心の動きを、人は不思議と察するものです。祝福の言葉も言えない小さな男なのか、と言われていたと人づてに聞きました。

会社を辞め、僕はベラルーシに2週間行くことにしました。空手が盛んなところで、そこに友人がいたのです。仕事を辞めたならおいで、と言ってくれました。

ロシア経由でベラルーシの首都ミンスクに行き、空手を地元の人たちに教えました。日本からカラテマスターが来たと喜んでもらえました。楽しい思い出になり、気分転換もできました。

そして帰国後、人材エージェントに登録すると再就職先が見つかりました。それが、DKSHジャパンでした。

第2章

「お前は何がしたいんだよ」の衝撃

カジュアルウォッチチームの営業担当に

ベラルーシから戻って1ヶ月ほど経ち、登録していた人材エージェントから連絡が来ました。DKSHジャパンという会社が人材を求めていると。2005年11月のことでした。

DKSHは、江戸時代末期にスイス人がアジアで始めた会社で、マーケットエクスパンションサービスを掲げていました。つまり、ブランドにとってのマーケットを拡大させていく事業です。

ブランドはマーケット拡大を考えるのが常ですが、国やエリアによっては特殊な構造を持っています。どうすれば、その国やエリアに入っていけるか分からない。まさに、日本が象徴的です。そこで、日本やタイ、シンガポールなどのアジア太平洋地域を主要マーケットに、ブランドビジネスをサポートしていたのが、DKSHだったのです。ブランドがアジア太平洋地域に進出したいと思うとき、まとめて面倒を見てくれる。そんな会社でした。

求められていたのは、カジュアルウォッチの営業でした。あまり深く考えることもなく、僕は入社を決めました。また営業か。しんどいかもな、と思いつつ。

配属になったのは、カジュアルウォッチブランドの「タイメックス」チーム。タイメックスというブランドの商品ラインナップは、子供用から大人用まで幅広かったのですが、僕が担当することになった主要取引先がスポーツ流通だったこともあり、デジタルスポーツウォッチの「アイアンマンシリーズ」を主に担当することになりました。

アイアンマン・トライアスロンとは、世界で最も過酷だと言われるスポーツの一つです。オリンピック競技になっているトライアスロンは、水泳1・5キロ、自転車40キロ、ラン10キロの総距離51・5キロですが、アイアンマン・トライアスロンは、水泳3・8キロ、自転車180キロ、ラン42・2キロの総距離226キロを進みます。まさに、「鉄人」の名にふさわしいレースです。タイメックスのアイアンマンシリーズは、このアイアンマン・トライアスロンをイメージして作られたモデルでした。

アイアンマンとの出会い

僕の仕事は、問屋や販売店に対しての営業でした。時計のことはあまり分かりませんでしたが、取引先に恵まれたこともあり、1年目からそれなりの営業成績を出すことができました。そのことに、自分で驚いていました。

僕が入社した年、アイアンマンシリーズから初代モデルを復刻した商品が発売されました。「アイアンマン8ラップ復刻版」。そして、これを日本で最も販売した営業担当者は、毎年10月にハワイ島で行われるアイアンマン・トライアスロン世界選手権の観戦ツアーに招待してもらえることになりました。

僕は一生懸命に営業活動を行い、ハワイ島に行く権利を得ることができました。今思えば、あれは初めての成功体験だったのかもしれません。そして、そのときに見たシーンが、後の人生にも繋がっていくことになります。

アイアンマン・トライアスロンは、大きな衝撃でした。島中のあちこちで選手たちを応援して回り、過酷なレースに立ち向かう選手たちの姿に心打たれました。フィニッシュラインで待っていると、総距離226キロのレースで限界まで振り絞った選手たちが戻ってきます。やがて時間は経過していき、最終ゴールの制限時間が迫ってきました。

そんなとき、失礼ながら見た目はおじいちゃんと呼んでも差し支えないような日本人選手が、

タイメックス アイアンマン8ラップ復刻版。IRONMANの文字入り。

フィニッシュラインに向かって走ってきました。それは、ヨロヨロと歩くようなペースでした。制限時間の深夜0時寸前、もうギリギリです。すごいと思いました。なんとかゴールしてほしいと、僕は手が破れんばかりに拍手をし、声を嗄《か》らして応援しました。それを見た隣の外国人が、こう言いました。

「あの日本人は、お前の家族なのか」

「いや、違う。全く知らない人だ」

僕は猛烈に感動していました。こんな過酷なレースに挑戦し、フィニッシュラインに辿り着く。しかも、おそらく僕より40歳ほども歳上の方が……。初めて見たアイアンマン・トライアスロンに、大きく心が揺さぶられていました。

制限時間まで残り1分ほど。そんなタイミングで、彼はゴールしました。奥さんと娘さんに迎えられ、お孫さんを肩車して、彼はフィニッシュラインを越えたのです。その姿を見て、僕は思わず涙してしまいました。

すごいスポーツだと思いました。素晴らしいスポーツだと。でも、同時にこうも思いました。走れない自分には縁のない世界だと。あの人たちは超人で、遠い世界なのだと……。

なぜ、営業がうまくいったのか

1年半で辞めてしまった前職の営業では、僕はどうしていいか分からなくなってしまいました。子供の頃は喋れたのに、喋れなくなってしまった。すぐに噛んでしまったり、詰まってしまったり、赤面したり。人前で話すのが、怖くなってしまったからでした。

だから、新しい就職先を見つけようとしていたとき、営業職はやめておいた方がいい、と母に言われていました。

「あなたは、ペコペコ頭を下げるような仕事には向かないわよ。もっと頭を使う仕事をしなさい」

営業とは、人にペコペコ頭を下げるような仕事。そんなイメージを、当時の僕も母も持っていました。実際には、全くそんなことはなかったのですが。空手道場の師範の一人が、営業職だったのです。その先生が、かつてこんなことを言っていました。

「苦しいこともあるけど、営業だからこその喜びもあるんだよ」

ただ、当時の僕は、その言葉を素直に受け入れられませんでした。しかし、カジュアルウォッチの営業で、その仕事の魅力を実感することになるのです。

前職で喋れなかった経験が、逆にDKSHでは活きました。話すのが苦手なら文章にすればいいんじゃないか、と。

例えば、アイアンマン8ラップ復刻版には、レトロな雰囲気がありました。単なるデジタルスポーツウォッチにはない、独特の味があった。スポーツ流通だけでなく、ファッション流通にも受け入れられるようなストーリーがあったのです。

そのストーリーを、僕は提案書にまとめました。トライアスロンの歴史、アイアンマンとはどんなものか、アイアンマンにとってのタイメックスとはどんな存在なのか……。

文章でセールス用の資料をまとめ上げて、それを自分の担当する取引先に送りました。この資料が、お店のスタッフが使うセールストーク集として役立ったらしいのです。とても喜んでもらえました。

営業というのは、ペコペコ頭を下げるような仕事ではなかった。取引先のビジネスの成功を、パートナーとして後押しする仕事だったのです。その後押しを、自分なりに精一杯すればいい。知らず知らずのうちに、僕はその仕事をやっていたのでした。

マーケティングの仕事をやってみないか

DKSHジャパンで営業の仕事を始めて1年ほどが過ぎた頃、先輩のマーケティング担当者が転職することになりました。マーケティング担当者の役割は、クライアントであるブランドのマーケティング戦略を構築することです。当然、そこには営業戦略も入ってきます。

先輩が退職することになり、その先輩から提案されました。次のマーケティング担当をやってみないか、というのです。僕はその気になり、上司に「僕がやりたいです」と申し出ました。

このとき考えたのは、マーケティングとは、ペコペコ頭を下げる営業や、押し込みセールスをなくす仕事なのではないか、ということでした。営業担当者が、堂々と商品を販売できる状態を作ることなのではないかと。しかも、マーケティングは海外とのやりとりがあるので、英語を使うことになる。英語が使えるようになるかもしれない、という期待もありました。

こうして僕は、マーケティングの部署に異動しました。まずは、マーケティングに関する本を読みました。そして、マーケティングとは「売れる仕組みを作ること」だと再確認しました。土下座営業のようなことをすることなく、お客さんから欲しいと言ってもらう。買ってもらえる状況を作り出す。それが、マーケティングなのだと自分なりの結論を得ました。

では、どうやったら売れる仕組みが作れるのか。例えば、雑誌にタイアップ記事を展開する。問屋の担当者やお店のスタッフに、売れる商品だと思ってもらう。イベントを開催し、魅力的なディスプレイツールを作る。様々な手法を通じて、買いたい、欲しいと思ってもらう。

ハワイ島での思い出もあり、僕にはアイアンマンシリーズに対する思い入れがあったので、それに関するプロモーション企画を考えるなど、やる気に満ち溢れていました。

またしても、逃げ出した。今度はマーケティングから

ただ、マーケティングの業務は、かなり広範囲に及びます。日々の業務だけではなく、年間のビジネスプランも作らないといけない。社会人経験が浅かった僕は、エクセルやパワーポイントをまともに使えませんでした。そのため、時間がいくらあっても足りません。毎朝一番に出社して、あれこれ調べながら資料を作り、終電ギリギリまで働く日々でした。

英語も全然ダメでした。当時、タイメックスのアジア太平洋地域のヘッドオフィスが香港にあったのですが、電話がかかってきても何一つ聞き取れない。まるで理解ができず、聞いたふりをして、「今話してくれたことのポイントをまとめて、後でメールしてください」とお願いするような有様でした。

実際、メールが来て初めて、話の内容が分かるような状態でした。そのくらい英語が分からなかったのです。やがて、電話が来ると居留守を使うようになりました。出張で香港に行っても、周りの人たちが何を話しているかが分かりません。出張となると、まさか「今の内容をまとめてメールしてくれ」なんてことは言えません。

振り返れば、対処の方法はありました。もう少しゆっくり喋ってほしいとか、簡単な言葉を使ってくださいとか、お願いをすれば良かったのです。ところが、僕はまだできない自分を引きずっていました。ダメな奴だと思われたらどうしよう。使えないと言われたらどうしよう……。

実際のところ、僕は使えなかったと思います。資料を作るのも遅い。説得力のある提案書も作れない。あれもダメ、これもダメ、と否定されることも少なくありませんでした。そして、ブランド側と英語で交渉ができない。

それなのに、ビジネスプランを立てるなどということが、1年ちょっとしか営業をやっていない人間にできるはずがありません。そもそも、ビジネス全体を理解できていないのです。しかも、25歳まで僕は無職だったのです。冷静に考えてみれば、できるはずがありませんでした。

「駒田くん、使えないな」

まだそう言われてはいませんでしたが、そんな声が今にも聞こえてきそうでした。何より自分で感じていました。俺はダメだ、と。厳しい言葉が飛んでくる前に、マーケティング職を離れなければ、と思いました。またしても、逃げ出したのです。

マーケティングは自分には無理だと、上司に泣きつきました。自分からやらせてほしいと言ったけれど、ダメだった。英語でのコミュニケーションが辛い。エクセルとパワーポイントの資料を作るにも時間がかかりすぎる。情けないとは思いましたが、逃げたい気持ちの方が先に立っていました。

こうして僕は、2年間のマーケティング職を経て、再び営業に戻ることになりました。

営業で成功したと思ったら、落とし穴が現れた

営業に戻してもらった僕でしたが、ここからちょっとした快進撃が始まりました。マーケティングの経験は、営業の仕事で役に立ったのです。

マーケティングの立場から見れば、セールスにはこういうことをしてほしかった。マーケティングにこんなインプットをしてあげると、セールスの考え方がより伝わる。その両方が分かってきていた僕は、スムーズに仕事が進められるようになりました。

朝早くから夜遅くまで働いて鍛えた事務処理能力は、飛躍的に伸びていました。その頃から取り組みを進めたのが、ネット通販サイトでのオンライン販売です。そこで必須であったデータ処理などに、全く抵抗はありませんでした。

僕はオンライン販売の仕組みを整備して、そのネット通販サイトにおけるタイメックスの売上を、数十倍にすることに成功しました。また、マーケティング時代に知ったのは、日本で扱っていたタイメックス商品は、全体のごく一部だったことです。そこで、日本に入っていない商品を取引先に提案してみると、これまた喜ばれました。

結果がどんどん出て、売上目標は余裕で達成できるようになりました。自分でも驚くような達成率を出したこともありました。

良い歯車が回り始めたのですが、ここで待っていたのが落とし穴でした。

営業として結果を出し始めた僕は、会議で堂々と意見を言うようになりました。噛むこともなく、詰まることもなく。あれはおかしいんじゃないか。これは間違っているんじゃないか。こっちの方が正しいのだ、などと主張していました。まさに傲慢でした。

初めての成功だったのです。「勉強だけしていた奴」「使えない奴」と言われ続けたことが、ここで反転してしまい、それまでの恨みつらみのようなものが、表に出てきてしまったのでした。

今から振り返ると恥ずかしい限りですが、とりわけ結果を出せていない人たちに厳しく当たりました。「どうしてできないんだ」と迫ったこともありました。そんな急な大量出荷には対応できないと言う出荷担当者に、「そんなことでは通用しない」と言い放ったこともありました。

ダメだと言われ続けたことは、相当な心の傷になっていたのだと思います。初めて自分が人にそれを言えてしまう環境になったとき、自分を抑えることができませんでした。

一方、強気なことを言っていたくせに、いつも誰かに「刺される」のではないか、と恐れていました。傲慢になって人を傷つけている、良くないことをしているという自覚はあったのです。だから、実はいつもハラハラして余裕がなかった。ちょっとでもミスしたときに、思いも寄らない角度から責められるのではないか、とビクビクしていました。

結果は出してはいるけれど、実はヒヤヒヤしながら生きていたのです。薄氷の上を歩いているような気持ちでした。心の平穏はまるでありませんでした。

そして実はプライベートでも、僕は大きな悩みを抱えていました。妻とうまくいっていなかったのです。

うまくいかなかった結婚生活

マーケティングから営業に戻った頃、僕は結婚をしました。子供も生まれました。ところが子供が生まれてから2年もしないうちに、妻との関係はうまくいかなくなっていったのです。

僕に大きな問題があったと思います。会社での傲慢さは、家に戻っても変わらなかったのです。まるで、できない同僚に当たるように、妻に説教じみたことを言ってしまったこともありました。

妻に社会経験がなかったということも、僕の傲慢さを助長した一因だったと思います。地方都市に生まれ、共働きの両親のもとで育てられた彼女は、首都圏で働き生きていくということに実感が伴わなかったのかもしれません。僕の収入で手に入れた中古マンションの小さな一室は、彼女の納得いく住まいではありませんでした。

自分が両親にしてもらったような子育てをしたいと言われ、妻から引っ越しを頼まれました。ここは東京で、働き手は自分一人だから難しい、と言うと悲しそうな顔をされました。その状態でいられるのも辛いので、引っ越し先を探すことにしました。

希望する部屋の広さを考えると、東京都内では無理でした。見つかったのは、神奈川県鎌倉市の山の中。JR大船駅から25分も歩かなければいけない場所にあるマンションでした。彼女は気に入っていましたが、通勤は大変でした。

しかも、僕一人の収入ですから、彼女の実家のような暮らしは難しい。家族で夕飯の食卓を囲むなんて、とてもできそうにありません。あるとき彼女は、朝から晩まで働いていた僕に対して、私の実家の暮らしとは違うし収入も少ない、と言ってきました。

僕は怒ってしまいました。かなりの勢いでまくし立てました。働くというのは、どういうことなのか。当時、思い込んでいたことを伝えました。

「働くというのは、時間を費やすことなんだ。時間というのは命で、命を削って金に交換しているんだよ」

それが少ないとか、失礼にもほどがある。もし不満があるなら、他の誰かを探せばいい……。そのとき以来、「お前は分かっていない」とばかりに、妻に説教じみたことを言うことが増えました。

妻との関係は確実に悪化していきました。会話もどんどん減っていきました。彼女の不機嫌が怖かった。今から思えば、それはお互い様だったのでしょうが……。

当時の僕にとって一日の最大のストレスは、仕事から帰り、家に着いてドアノブをひねる瞬間になりました。なるべく夜遅く、妻と子供が寝静まった頃に帰り、翌朝はなるべく早くに家を出ようとするようになりました。

仕事はうまくいっているように見えて、薄氷を踏むような人間関係の中で過ごしていました。加えて家庭でも、同じような状況。そんな生活が1年近く、続いたのでした。

「お前は何がしたいんだよ」

2012年9月、大学のサークルの仲間と久しぶりに会うことになりました。会場に決まったのが、僕が住んでいたマンション。最上階にラウンジがあり、そこで飲食ができたので、集まることになったのです。

しかし、この最上階のラウンジに、妻も子供も来ませんでした。すでに妻とは会話のない状態。

友達が来ると伝えましたが、無視されてしまいました。

サークルの仲間たちは、このマンションに僕の家族が住んでいることをもちろん知っています。サークルの一つ上の先輩に言われました。

「奥さんと子供は、どこにいるんだよ」

「家です」

「なんで来ないんだよ」

僕は、事情を説明しました。今、夫婦関係がうまくいっていないのだと。すると、少し酒に酔った先輩が、こう聞いてきました。

「お前、何がしたいんだよ」

「え、何がしたい?」

「そうだよ。お前は何がしたいんだよ。俺は晩酌がしたいんだけどな」

混乱しつつも、僕は答えました。家族のために朝早くから夜遅くまで働いて、週末は子供をお風呂に入れて、ごはんを食べさせて、寝かしつけて……。だんだん声は小さくなっていきました。

「そうじゃなくて、お前は何がしたいんだよ。俺は晩酌がしたいんだよ!」

意味が分かりませんでした。先輩の奥さんが助け船を出してくれました。

「あなたもう、駒田さん困ってるじゃない。あなた酔っぱらってるでしょ」

「うるせ～！　俺は晩酌がしたいんだよ！」

「毎晩、晩酌してるじゃない！」

僕は考え始めました。何がしたいんだろう。何がしたかったんだっけ。大人なんだから、すべきこと、正しいことは分かっている。仕事で稼いで、子育てして……。


「お前、それで楽しいのかよ！」

そう言われた瞬間、何かがプチッと切れました。気付けば、先輩の胸ぐらを掴んでいました。

「楽しいわけねぇだろ！」

「なんだコマダこの野郎！　楽しくねぇのかよ！　俺は晩酌がしたいんだよ‼」

久しぶりの集まりは、ぐちゃぐちゃになってしまいました。解散になった後も、僕はラウンジのソファにじっと座っていました。5時間くらいそのままでいました。頭の中は混乱に満ちていました。

俺は何がしたいんだろう。何も思いつかない。じゃあ、何が好きだった？　空手？　でも、「あんな野蛮なもの」と妻や妻の両親に言われ、もう道場にも行けていない。

あれ？　他に何かあったっけ？

勉強が得意だった。だから、司法試験をやったんだ。いや、司法試験は勉強が好きだったからだっけ？

あれ？　何が好きなのかも分からないぞ……。

妻子との別れ

愕然としました。自分が何を好きで生きているのか、分からなかったのです。ただ、仕事をすべきとか、家族はこうあるべきとか、子育てはこうするのが正しいとか、そんなことしか頭にありませんでした。「べき論」ばかりで固まっていて、自分の好きなことが、自分が何をやりたいのかが、何一つ分からなかったのです。

では、今のこの状態は好きなのかと考えました。もちろん、好きではありませんでした。友達に家族を紹介することすらできない。「お前、それで楽しいのかよ」と問い詰められ、「楽しいわけないだろ」と叫び返してしまう。職場で内心ハラハラしながら、表面上は偉そうな顔で粋がってしまう。何一つとして、好きではありませんでした。楽しくありませんでした。

では逆に今、一番嫌なことは何だ？　何が嫌いか？　そう考えたら、何よりも今のこの状態が嫌でした。それだけは、ハッキリと分かってしまいました。

5時間座り続けたソファから立ち上がり、僕は家に戻りました。ドアノブをひねる瞬間、また緊張しました。これも嫌なことの一つでした。

家に戻ると、妻は体育座りでソファに座り、テレビを観ていました。帰ってきても、目さえ合わせてくれない。僕は言いました。

「俺たち、きっとダメだね」

そうすると、初めて彼女は僕の方をうつろな目で見て、こう言いました。

「うん、今だったらまだ間に合う」

何のことだろうと思いました。関係修復が間に合うということか？　しかし、全く違っていました。

「あの子が3歳の誕生日を迎えるまで、あと1週間。3歳になる前だったら、あなたの記憶をあの子から消してあげられる」

厳しい言葉でした。


そこまでのことを言われてしまうのか、と悲しかった。俺のせいなのか？　俺がそうさせたのか？　いや、全部俺だけが悪いわけじゃない……。思いは錯綜しましたが、先輩の言葉を思い出し、すぐに返事をしました。

「分かった。別れよう」

それから5日後、妻と子供は鎌倉のマンションを出ていきました。子供が3歳になる2日前でした。

何がやりたかったのか、僕には分からなかった。自分のプライドやひとりよがりな正しさに凝り固まってしまったために、こんなことになってしまった。

仕事から戻ってくると、がらんとした部屋がそこにありました。一人、ソファに座り、深いため息をついたのを覚えています。

俺は何がしたかったのか……。悲しさと寂しさを吹き飛ばすため、空手の稽古を部屋でやろうと思いました。身体に馴染んだ動きを、一心不乱に行いました。汗だくになると、さっぱりしました。空手をやっていて良かった、と思いました。しかし、そこで初めて気付いたことがありました。

「俺、空手家じゃなかったな……」

中学時代から道場で唱えていた道場訓は、何一つとして実践できていなかったことに気付いたのです。あれだけ唱えていたのに理解できていなかった。生活に活きる空手、という意味が分かっていなかった。

自分のダメさ加減につくづく呆れました。

実家というシェルターも失う

折しもこの1ヶ月前、僕はもう一つ大切なものを失っていました。情けなかった自分を丸ごと包み、僕の心のシェルターであってくれた実家も失うことになってしまったのです。

妻と会話がなくなってしまった頃、母から連絡がありました。不動産屋に家を引き渡すことになったので、荷物の整理を手伝ってほしい、と。

父の英語塾は、経営が悪化していました。僕が大学に通ったり、司法浪人をしたりしていた頃、もう厳しい状態にありました。それでも生活はできていたのですが、問題はその前に起業していたときの借金だったそうです。

その会社を畳んだときに抱えた借金が返せなくなってしまい、雪だるま式に膨らんでいったのです。母の両親が住んでいた家を、そのために手放さざるを得なくなってしまったというのです。その問題もあり、両親はすでに離婚していました。

玄関を開けると、人の住んでいない家独特の臭いがしました。「廃墟」という言葉が頭をよぎり、そして、何もかも失った父親が、暗い家の奥から出てきました。「こんにちは。忙しいところごめんね」と言われました。

そんなことを言うタイプの人ではありませんでした。そして、「こんにちは」という言葉に動揺しました。もうここは「おかえり」の場所じゃないんだ、と実感しました。

こうして僕は、心のシェルターだった実家に別れを告げ、戻りたくない家に帰りました。その日、お風呂に入ると、手のひらに白く変色しているところがありました。これはなんだろうと思って引っ掻いたら、皮がベロッと剝けました。ストレスだったのだと思います。手のひらの皮が1枚、丸ごと剝けてしまったのです。

結構まずい状態なのかもしれない、と思いました。それでも翌朝、仕事に向かいました。家を出るときが開放感を得られる、一番の癒しの瞬間だったのです。

妻と子供が出ていき、一人になったことで、家に帰るストレスはなくなりました。しかし、襲ってきたのは大きな虚無感でした。

朝会社に行くとき、子供と一緒に遊んだ公園の前を通ります。遊具で遊んだり、お喋りしたりしたことを思い出しては、頭を振ってそれを忘れようとする。子供の笑顔や声を、頭から締め出そうと努力しました。そうしなければ、どうにかなってしまいそうだと思ったのです。

まさに最悪の年でした。抜け殻のようになりながら、目の前の仕事をすることで気持ちを紛らわせていた僕に、上司から呼び出しがありました。それが、２０１２年12月でした。

「新しいブランドを扱うことになった」

上司はこう言って、ポンとサンプルのランニングシューズをテーブルの上に置きました。それが、僕とＯｎとの出会いでした。

第3章

これ、チャンスなのかもしれない

このブランドをやるか、会社を辞めるか

2012年12月。家族を失い、実家も失い、一人になって抜け殻のようになっていた僕に突然上司から提示されたのが、新ブランドの担当でした。

「Onというスイス生まれのランニングシューズのブランドがある。このブランドを新しく扱うことになった。アジア太平洋地域が対象だが、まずは日本。確か、駒田くんはスポーツ流通に関わりがあったね？　というか、スポーツ好きだよね？」

「君しかいない。君にやってもらいたい。断る選択肢はないと思ってほしい。このブランドをやるか、会社を辞めるか……」

そんな、なかなかに強引な命令があったというお話は、すでに書いた通りです。スポーツ流通の取引先が多かったのは事実ですが、スポーツが好きだろうというのは、とってつけたような理由だと感じました。たまたまアイアンマンシリーズを手がけたことがあり、それなりに販売した実績があるというだけのことです。

それよりも、厄介払いなのかもしれないなとは感じました。僕は営業で成績を挙げていました。少なくとも「使えない」存在ではなかったと思います。でも、「使いにくい」社員だったのは間違いありませんでした。

俺はできるのだと会議で粋がる。急ぎの対応をしようとしない他部署の人間を理屈で詰めようとする。きっと、上司の目にも生意気に映っていたと思います。実際、「君の言いたいことも分かるけど、もう少し言い方に気をつけた方がいい」という指摘を受けたこともありました。

それでも、タイメックスの営業チームとの関係は良好だったと思います。みんなで目標を達成しようと盛り上がっていましたし、その良い雰囲気のままに突き進んでいこうという時期でもありました。

しかし、やはり他の部署の人たちからは、よく思われていなかったようでした。いつか「刺される」かもしれないという怖さは、自分の中でも感じていました。そんなとき、新ブランドの案件がやってきたわけです。

誰にやらせようか。あいつは営業もマーケティングも一応経験している。スポーツ流通を担当していて、スポーツに少しだけ関わりがある。煙たいと思っている人間も多い。あいつがちょうどいいんじゃないか……。当時の僕は、そんな雰囲気を感じました。ついに刺されたのかもしれないな、と思いました。

それでも、半分はタイメックスを見ることになりました。というのも、僕が担当していたオンライン販売については、僕が最適任だろうと考えられていたからです。そして、残りの半分はOnの仕事をすることになりました。

しかし、僕は「タイメックスから外される」という印象しか受けませんでした。しかも、よりによってランニングシューズです。ランニングから逃げ続けてきた人生だったのに、です。なんてことになったんだ、と思いました。

これは、もしかするとチャンスなのかもしれない

約7年勤めた会社から、思ってもみない辞令が出ました。ショックではありましたが、社命は社命です。まずは、この新しいブランドは何物なのか調べてみることにしました。自分のデスクに戻った僕は、とりあえずOnのウェブサイトを検索してみました。もちろん当時は、英語版しかありません。

そこでは、創業者たちのストーリーや世界特許を獲得したテクノロジーが語られていました。ソフトな着地とパワフルな蹴り出しを実現したCloudTec®（クラウドテック）システムというテクノロジーを開発したのは、創業者の一人。プロトライアスリートだった彼のランニングに対する想い……。引き込まれるように、それらのストーリーを読んでいました。

まだ3年目でしたが、しっかりしたブランドなのだと思いました。だから、もしかするとこれはチャンスなのかもしれない、とも感じました。マーケッターとして、面白い商材だと思ったのです。

しかし、繰り返しになりますが、僕はランニングが嫌いでした。ランニングから逃げ続けてきた人間が、ランニングシューズを担当していいのか。

上司から預かってきたサンプルを手に、僕は上司のデスクに向かいました。

「すいません。これ、履いてもいいですか？　履いて走ってみないと分からないと思うので」

「ああ、構わないよ」

サンプルのサイズは28センチでした。僕の足のサイズは、26・5センチ。明らかに大きいのですが、まずは履いてみようと思い、会社から家に持ち帰りました。

鎌倉のマンションは、相変わらずがらんとしていました。一人で家にいても、やることはありません。だから、このシューズを履いてちょっと走ってみようかと思いました。言ってみれば、暇つぶしです。それに、望んだことではないとはいえ、自分が担当することになるブランドなのです。

玄関で足を入れ、立ち上がってみて驚きました。これまで履いたことのある、どの靴とも履き心地が違う。これは何だろうと思いました。それから近所を軽くランニングしてみたのですが、やっぱりまともに走れません。15分も走ると息が上がってしまう。

でも、少し汗をかいてシャワーを浴びたら、なんだか気持ち良いと感じている自分がいました。

意外と悪くない。明日も走ってみよう、と思いました。翌日は30分走れました。昨日よりもちょっと長く走れたぞ、と思いました。

やがて年が暮れ、2013年が明けました。

1月5日。鎌倉にせっかく住んでいるのだから、初詣ついでに鶴岡八幡宮まで走ってみようかと思いました。それから、由比ヶ浜にも行ってみようと。時間はあるのですから。

家から鶴岡八幡宮を経由して由比ヶ浜まで、往復で大体12キロ。気持ち良く走れました。アップダウンもある道ですが、楽しかった。新年の爽やかな空気のおかげもあったのか、とても満足しました。

人に走れと言われて走ったわけではありません。Onのランニングシューズと出会ったことによって、自分のペースで走れるのなら走ることは楽しいのかもしれない、と思いました。

創業者は脚に痛みを抱えていたプロトライアスリート

Onは、まだ3年目の無名ブランドでした。そんなOnをDKSHが引き受けた理由は、Onのウェブサイトを開いたときにおぼろげに感じました。走ったことのなかった僕ですら、光を感じたのです。世界特許技術、シンプルでクリーンなデザイン、そして創業者たちのストーリー。

3人の共同創業者の一人、オリヴィエ・ベルンハルドは、もともとアイアンマン・トライアスロンのヨーロッパチャンピオンであり、デュアスロンの世界チャンピオンでもありました。ところが、15年という長い現役生活の最後には、アキレス腱からふくらはぎにかけて、慢性的な炎症に悩まされていました。

あれほど好きだったランニングが苦しいものになってしまった。各スポーツブランドからは、素晴らしいクッション材を搭載したランニングシューズが発売されていました。ところが、オリヴィエの脚の痛みは治まらないのです。そして、引退を余儀なくされてしまいます。

どうしてこんなに脚が痛くなってしまうのか。オリヴィエは引退後、実験を始めました。その一つが、ガーデニング用のホースを輪切りにしたものを、靴底に貼り付けて走ってみること。そうしたら、不思議と痛くない気がしました。

当時のランニングシューズのクッション材は、どのようなものだったのか。ものすごく単純化して言ってしまうと、高いところからクッションに生卵を落としても割れない、というようなものでした。つまり、垂直方向の衝撃に備えるクッションです。一方、オリヴィエがホースを靴底に貼り付けたプロトタイプは、着地したときの水平方向の衝撃も吸収するものでした。

それまでのランニングシューズは、基本的に垂直方向の衝撃を吸収することを念頭に開発されていました。しかし、関節や腱に最もダメージを与えるのは、垂直方向ではなく、実は水平方向の衝撃だったのではないか。オリヴィエは、そんな仮説を立てたのです。

実際、ランニングをするときに、その場で飛んだり跳ねたりすることはありません。ランニングとは垂直方向のジャンプではなく、水平方向へのジャンプなのです。つまり、着地の衝撃が加わるのは、斜め方向だということです。そのような考え方で開発されたランニングシューズは、当時は存在しませんでした。

オリヴィエは、輪切りにしたゴムホースを靴底に貼り付けたプロトタイプを履いて走ったとき、そのことに直感的に気が付きました。「このアイデアをどう思う?」とチューリッヒ工科大学のエンジニアに相談してみたところ、「理にかなっている」と言われました。そこで、このアイデアをブラッシュアップしていったのです。

この開発ストーリーは、読んでいてとてもワクワクしました。ただ、個人的に僕がハッとさせられたのは、「アイアンマン」という単語が出てきたときです。タイメックスでアイアンマンシリーズを担当していたこともそうですが、何よりハワイ島で見たアイアンマン・トライアスロンの衝撃が思い出されたのでした。

制限時間ギリギリにフィニッシュし、奥さんと娘さん、お孫さんと抱き合っていたあのシーン。それが、脳裏に鮮やかに蘇りました。ここで、アイアンマンが繋がったのです。

2人の超一流ビジネスパーソンがパートナーに

もともとオリヴィエは、トライアスロンバイクのハンドルを自分で作ってしまうような人でした。その彼がランニングシューズを作っているらしいということは、トライアスロン仲間たちの間で噂になっていました。

オリヴィエは、まず友人のキャスパー・コペッティに連絡しました。キャスパーは学生時代からスノーボードを熱心にやっており、セミプロレベルのスノーボーダーです。彼は、スノーボードのトレーニングの一環として、夏にはランニングをしていました。大学卒業後、経済学の博士号を取得し、マッキンゼーに就職してコンサルタントとなり、ジャーナリストを経て、オリヴィエのマネジメントの仕事もしていたのです。

そんなキャスパーは、「走ると膝が痛くなるので、5キロ以上は走りたくない」と言いました。トレーニングとして走るだけで、全然楽しくないとも。そこで、オリヴィエは例のプロトタイプをキャスパーに履いてもらうことにしたのです。すると、なんとキャスパーは10キロも走れてしまいました。

さらに、オリヴィエは、もう一人の友人のデイビッド・アレマンにプロトタイプを履いてもらいます。デイビッドは、頭を整理したりリフレッシュしたりすることを目的に走る人でした。だから、早く走りたいというわけではなく、なるべく身体に負担なく走りたいと考えていました。

ちなみにデイビッドも、かつてマッキンゼーのコンサルタントであり、弁護士資格を持っており、有名家具ブランドのCMOを担っていました。そのデイビッドは、奇妙な形状をした靴底のランニングシューズを見て、「このようなギミックシューズには抵抗がある」と言いました。しかし、実際に履いて走ってみたら、「これは楽しい」と感じたそうです。

この「楽しい」というのが重要なキーワードでした。キャスパーもデイビッドも、これはオリヴィエだけが幸せになるものではなく、もっと多くの人たちに楽しさを届けられるシューズだと感じたのです。そうすれば、世界の人たちはもっと幸せになると。

3人は意気投合して、一緒に会社を作ろうということになりました。こうして創業されたのがOnだったのです。

「ランニングを楽しくしよう」

Onは、こんな極めてシンプルなメッセージで生まれた会社なのです。

元マッキンゼーの2人は、周囲から起業を大反対されたそうです。絶対にうまくいかないからやめた方がいい、と。それはそうでしょう。ランニングマーケットには、誰もが知っている世界の巨人がひしめいているのです。とんでもないレッドオーシャンなのです。

On 共同創業者たち。
上からデイビッド・アレマン、
キャスパー・コペッティ、
オリヴィエ・ベルンハルド。

冷静に考えてみれば、ランニングシューズで起業するなどというのは、狂気の沙汰です。しかし、3人は起業します。自らの私財を擲《なげう》ってまで。理由は「楽しいから」。

さすがに当初は怖かった、と彼らは後日語っていました。でも、たとえ怖くてもワクワクするなら、一歩踏み出してみる。それが、Onのスピリッツなのだと思います。

文字通り知名度ゼロのブランド

鶴岡八幡宮から由比ヶ浜へのランニングは、とにかく楽しかったことを今でも覚えています。走り終えて、シャワーを浴びてから飲んだビールが最高においしかった。ランニングって楽しいかもしれない。そう思ったのは、まさにこの瞬間でした。

世の中のマーケティング担当者には、自分が担当する商品に興味を持たない人も案外少なくないようです。ただ、ブランドを扱うときは、その歴史やストーリー、価値観を自らの心にインストールしてみることが大事だと思っています。実際、それらを踏まえた上でOnを履いて走ってみたことで、僕はそれまでと全く違う光景に出会ったからです。

ランニングが楽しくなるシューズ。本当に面白いかもしれない。真剣にビジネスプランを考えてみようと思いました。どのくらいの売上を作ればいいのか。そこに辿り着くには、どのくらいのマーケティング予算が必要になるのか。

タイメックス時代に培った経験が、ここで活きました。逃げ出してしまったとはいえ、マーケティングの仕事も一応は経験していたからです。だからこそ、分かりました。何より競争が激しいマーケットだと。恐ろしいマーケットに入っていくことになるのだと。

ランニングをしたことがなかった僕ですら、世界の巨人たちは知っていました。ナイキ、アディダス、アシックス、ニューバランス……。スポーツ用品店のシューズ売り場の8割は、4つか5つのブランドで占められていたのです。残り2割に入るブランドも決して無名ではありません。プーマにしても、誰もが知っているブランドです。

そんな中、Onは正規輸入されたシューズが、僕の持っているサンプルのクラウドサーファー1足しかないのです。

初年度のマーケティング予算として、僕が算出した金額は1億円を超えていました。最低でもこのくらいの額は必要だと考えたのです。

マーケティング予算400万円の衝撃

僕がOnを担当することは、タイメックスの営業チームにも知らされました。当時のチームリーダーからは、こんな言葉をかけてもらいました。

「コマ、これ面白いと思うよ。化けるかもしれない。簡単ではないだろうけど、やってみな」

そして、上司へのビジネスプランの提案日を迎えます。僕が考えたプランを伝え、希望の予算額を告げると、上司からは予想の斜め上の回答がきました。

「マーケティング予算は４００万円。これは決まっていることなので、それで頑張ってほしい」

巨大ブランドひしめくランニングマーケットで、新たにブランドを確立させるのは途方もないことです。それは、僕のような素人にも分かりました。しかし、上司はさらりと言いました。

「日本でトップブランドにするのが、今回のミッションだから」

真顔でした。事の重大さに気付いていないのだろうか、と思いました。「新手の嫌がらせか？」とすら感じてしまったほどです。

僕は食らいつきました。トップブランドに食い込む難しさを理解してほしい。途方もないことだと分かってほしい……。

しかし、上司の口ぶりは変わりませんでした。

「うちのスイス本社とＯｎの間で、もう話はついているんだよ。数年以内に日本でトップブランドの一角に食い込むと。その実績をもって、中国やタイに波及させていくと。もう決まっているんだ」

僕は驚いてしまいました。ショックを受けたと言ってもいい。確かにポテンシャルはある。創業ストーリーも興味深い。ランニングを楽しくするというメッセージも良いし、テクノロジーも素晴らしい。でも、予算400万円で何ができるのか。

マーケティングとは、先にも書いたように、売れる仕組みを作ることです。売れる仕組みを作るための手段は、いわゆるマーケティングの4Pです。プロダクト、プライス、プレイス、プロモーション。

プロダクトとプライスはもう決まっていますから、商社にできるのはプレイスとプロモーションを考えること。

プレイス、つまり流通先。ランニングシューズですから、基本的にはランニング専門店とスポーツ量販店になります。Ｏｎのデザイン性であれば、セレクトショップでも可能性はあるかもしれません。

では、プロモーションはどうするか。真っ先に考えたのは、メディア露出です。

逃げきれない。逃げたら、形を変えて襲いかかってくる

最も影響力のあるメディアはテレビですが、そんなお金はありません。タイメックスのときも、テレビに狙って出せたことはありませんでした。

では、次に影響力が大きいのは何か。おそらく全国版の新聞です。それから雑誌やウェブメデ

ィア。その後にお店のディスプレイツールやイベント、パンフレットやフライヤー。マーケティング用語に「ファネル（漏斗《じょうご》）」という言葉があります。広く認知を求め、それによって集められた見込み顧客が興味を持ち、検討し、購買するという流れの中で、ふるいにかけられてだんだんと少数になっていくというセオリーです。だから、影響力の大きなメディアを使って大量の見込み顧客を集めることは、最終的に購買してくれる顧客を増やしていくことに繋がります。

しかし、最も影響力があるテレビに露出させるには、莫大な費用がかかります。雑誌にしても、タイアップ記事を出したら、年間マーケティング予算の大部分が吹き飛んでしまう。

タイメックス時代に、色々なメディアと付き合いがあったので分かっていました。４００万円でできることは、本当に限られる。売れる仕組みなど、到底作れるわけがないと思ってしまいました。

こんなのは無理だ、と言って断る選択肢もなかったわけではありません。これまで何度もそうしてきたように、逃げてしまえばいい。しかし、ここで逃げたらこの先の自分の人生はどうなってしまうのか。そうも思いました。もしかしたら、大きなチャンスなのかもしれない。リスクはあるけれど、ポテンシャルは間違いなく潜んでいる。

そして、自分のこれまでの人生を振り返ってみて知ったことは、逃げたものは必ず追いかけてくるということです。それはもう、びっくりするほどに。

子供の頃に逃げたランニングは、Ｏｎという形を伴って追いかけてきました。Ｏｎのブランド担当をするなら、海外とのやりとりは必須です。英語が辛くてタイメックスのマーケティングから逃げましたが、もう逃げることはできない。司法試験から逃げて何が起こったか。人付き合いから、結婚から逃げて何が起こったのか。

改めて気付きました。人生において逃げようとしたことから、逃げきれたためしは一度もないのだと。逃げようとしても、きっとまた形を変えて襲いかかってくる。

だから、これからはもう逃げられない、逃げたくないと思いました。

では、お金がない中で、日本のランナーにＯｎの存在をどうやって伝えるのか。格好の機会が、翌月の2月に迫っていました。それが、東京マラソンＥＸＰＯでした。

東京マラソンEXPOにブース出展してはみたが……

２０１３年2月、10万人が来場するビッグイベントが行われることが決まっていました。東京マラソンＥＸＰＯ。その場でＯｎの日本上陸をアピールしたいと考えました。

10万人が集まる東京マラソンEXPOには、数多くのスポーツ関連企業がブース出展を行います。出展事務局に問い合わせをしてみると、運良くまだ出展枠が残っていました。

出展料は、3m×3mの1小間で50万円。日本最大規模のマラソンイベントですから、これは仕方がないと思いました。そして、ディスプレイ制作会社にブース制作を依頼すると、さらに50万円。これで、合計100万円です。

年間マーケティング予算400万円のうち、4分の1が東京マラソンEXPOの3日間で飛んでしまう計算になります。しかし、10万人の目に触れる可能性があるのであれば、決して悪くない投資だと思いました。

東京マラソンEXPO2013のOnのブース。

しかし、EXPOが始まってみると、Onブースはほとんど目立ちませんでした。ド派手なビッグブランドのブースが立ち並ぶ脇にひっそりと佇む小さなブースを見てくれる人など、実際にはほとんどいなかったのです。

僕はブースの前に立って、会社でプリントアウトしたお手製のフライヤーを配りました。

「スイスから初上陸です」

「世界特許技術です」

そう声を張り上げて配ろうとするのですが、なかなか受け取ってもらえません。受け取ってくれても、ブースには滅多に立ち寄ってくれません。

立ち止まってくれた人も、物珍しそうには見るのですが、一瞬だけ。スタスタと通り過ぎてしまう人がほとんどでした。

「なんか変な形してるね。ジャンピングシューズ?」

そんな声がありました。

「なんだこの変なソール。こんなので走れるとは認めないよ」

そう冷笑する、大手ブランドのシューズを履いた人もいました。

「で、あなたはフルマラソンをどのくらいで走るの?」

僕のマラソン歴を問う人もいました。想像以上に厳しい現実がそこにありました。

上司が呆れた「16足の販売、20人の友達」

合計100万円をかけたブース出展。自分なりに一生懸命やりました。でも、ほとんど相手にしてもらえなかった。接客しようにも、まず興味を持ってもらえないのです。結局売れたのは、3日間で16足でした。

おかしいな。カッコいいと思ったんだけどな。ストーリーもテクノロジーも良いと感じたんだけど、俺だけの勘違いだったのかな……。あまりに売れず途方に暮れながら、なんとかしなくてはと考え続けていました。チラシを配りながら。

Onに興味を持ってくれた数少ない人と話をしながら、僕は「この人はどんな人なのだろう」と想像してみました。全く無名のOnに興味を持ち、買ってくれるこの人たちは、きっと新しいものに興味があって、遊び心と冒険心を持ち合わせた人たち。そう思いました。

そのとき、ふと思いついたことがあったのです。当時、フェイスブックの利用者数が、ミクシーの利用者数を超えたことがちょっとしたニュースになっていました。実名でSNSを使うという文化が、少しずつ日本にも根付き始めていたのです。

僕もフェイスブックのアカウントは持っていました。そして、今僕の話を聞いてくれているこの人たちは、新しいものに興味がある人たちのはず。きっとフェイスブックをやっているに違いないと思いました。

そこで、「フェイスブックやってますか？」と聞いてみると、買ってくれた人のほとんどがアカウントを持っていました。買ってもらえなくても、Ｏｎに興味を持ってくれた人たちにも、同じ質問をしてみました。

「このＯｎという新しいブランドを担当することになりました。僕もランニングをやろうと思っています。これからＯｎのこと、ランニングのことについて発信していくので、友達になってもらえませんか？」

こうして20人ほどの人たちと繋がりました。Ｏｎのことや僕のランニングのことなどを、この人たちに向けて発信し始めたのが、今にして思えば日本におけるＯｎのマーケティングの始まりでした。ただ、そのときはそんなことは意識していませんでした。ただの思いつきでした。

３日間の東京マラソンＥＸＰＯが終わり、ブース出展についてフェイスブックに投稿すると、5件ほど「いいね！」がつきました。

16足を販売し、20人とフェイスブックで友達になったというわずかな実績をひっさげ、週明けにオフィスに出社すると、待っていたのは上司の皮肉でした。

「年間予算25％を使ってそれだけ……これからどうするの？」

どうしよう。僕は頭を抱えました。

運命を変えた、宮古島トライアスロンへのブース出展

そもそもマーケティングとは何か。売れる仕組みを作ることです。典型的な手段は、メディアに露出させたり、イベントで集客したり、カッコいいディスプレイで興味を持ってもらったりすること。しかし、いずれもお金がかかります。

２０１３年当時、インフルエンサーという存在はありませんでした。同じような取り組みをお願いするとしたら、芸能人です。ただ、僕には芸能人の知り合いはいませんでしたし、知り合うためのコネもありませんでした。

では、残る手段は何なのか。とにかくフェイスブックというSNSを使って発信し続けること。そして、ランナーが集まる場所で、ブランドを見てもらう機会を増やすこと。つまり、スポーツイベントにブース出展するしかないと考えました。

東京マラソンEXPOは日本最大規模のマラソンイベントです。そのため、ブース出展料は特に高かったのです。他にどこか、もっと安く出展できるところはないか。そうして調べてみると、2ヶ月後に大きなイベントがありました。宮古島トライアスロンです。そして、トライアスロンはブース出展料が比較的安いことも知りました。

Onは、アイアンマン・トライアスロンのヨーロッパチャンピオンが立ち上げたブランドです。だから、トライアスロンマーケットはOnと相性が良いだろうと思いました。東京マラソンEXPOでどんな人がOnに興味を持ってくれたのか、改めて思い返してみました。

新しいものに興味を持つ人。遊び心と冒険心を持った人。加えて、多少お金に余裕のありそうな人たちに思えました。何しろ、見たことも聞いたこともない1万円以上のランニングシューズを、「面白そうだから」という理由でポンと買ってくれた人たちだったからです。

そう考えていくと、トライアスロンイベントへの出展は悪くないアイデアに思えました。当時、トライアスロンはちょっとしたブームになっていました。多くの起業家や弁護士が、トライアスロンに挑んでいたのです。

トライアスロン。ここに活路があるかもしれない。そして、日本のトライアスロンで最大のイベントは宮古島トライアスロンでした。それがちょうど2ヶ月後に開催される……。「旅費分くらいは売ってきてね」という上司の言葉を背中に受けながら、僕は宮古島に向かったのでした。

「駒田さん、約束ですね」

宮古島に到着すると、宮古島市総合体育館の前にはずらりとテントが並んでいました。東京マラソンEXPOほどの華やかさがあるわけではなく、もっと手作り感がありました。僕は指定されたテントの下に、Onを並べていきました。

レースの2日前に現地入りして、前夜祭までに5人ほどがOnを買ってくれました。「面白そうだから、明日履いてみようかな」「これ明日、履いたら目立つよね」「足に優しそうだから、いいかもね」と、レース本番でいきなり履くと言ってくれた人が現れたことには驚きました。

当時の宮古島トライアスロンは、水泳3キロ、自転車155キロ、ラン42・2キロ。アイアンマンよりは若干短いものの、同じ「ロングディスタンス」に分類されるレースです。僕には想像もつかない長距離レース。そのレースでいきなりOnを履くと言ってくれた人たちに、僕はお礼を言いながらこう伝えました。

「レース、応援しますね！　ゼッケン番号は何ですか？　あと、フェイスブックで繋がらせてもらってもいいですか？」

レース当日、僕は宮古島のあちこちで応援しました。Onを履いている人はどこかな、と探していました。見つけると、声を張り上げて応援しました。そして、フィニッシュラインで彼らを待ちました。過酷なレースで疲労困憊《こんぱい》のはずなのに、皆さん笑顔で戻ってきます。Onを履いてフィニッシュする人たちと、僕はハイタッチしていました。

最終ランナーが戻ってくる制限時間の午後8時30分。それを祝福するかのように、フィニッシュ会場の宮古島市陸上競技場から花火が上がりました。夜空に打ち上がる美しい花火を見ながら、僕はハワイ島のアイアンマン・トライアスロンを思い出していました。

合計203・7キロのレース（この年は悪天候によりスイムが中止になり、代わりの第1ランが6・5km延長されることに）。苦しかったはずなのに、輝くような笑顔で戻ってくる選手たち。

制限時間を迎えると花火が打ち上がった。

タイメックスのときには、別世界だと思って関わろうとしなかったトライアスロン。今度はＯｎでこの世界に関わるのかと思った瞬間、僕は花火を見上げながらポツリと言葉を発していました。

「これって見るものじゃなくて、やるものなんですかね……」

隣には、Ｏｎを買ってくれたトライアスリートの一人がいました。満面の笑みで右手を差し出しながら、彼は言いました。

「駒田さん、やりましょう」

反射的に、僕は右手を伸ばしました。

「はい」

「約束ですね」

このとき、僕は本気で走ることを決めたのです。

トライアスリートになるために

宮古島から東京に戻ると、僕はフェイスブックに、こう書き込みました。

「来年、宮古島トライアスロンにチャレンジします」

もう約束してしまったのです。Ｏｎを履いたあの人と。だから、やるしかない。すると、フェイスブックのコメント欄にはアドバイスが並びました。

「宮古島トライアスロンに出るための条件をご存じですか?」

「ロングディスタンスの宮古島トライアスロンには、エントリー資格が必要ですよ」

「まずはオリンピックディスタンスを完走しないとエントリーすらできません」


オリンピックディスタンス、あるいはショートディスタンスとも言われる距離は、水泳１・５キロ、自転車が40キロ、ランが10キロでした。「全然ショートじゃねぇ……」と思ったわけですが、宮古島トライアスロンに出るためには、まずこれをクリアする必要があったのです。

そもそも僕は、１・５キロを泳げるのか。学校の授業で泳いで以来、もう何年も泳いでいません。こう投稿して、僕は家を出ました。

「まずは、泳ぎに行ってみます」

そして、50メートルで溺れかけました。オリンピックディスタンスで泳がなければならない1・5キロは、25メートルプールだと30往復です。たった1往復でこの有様なのに、えらいことになったと思いました。

その夜、僕はフェイスブックにこう書き込みました。

「行ってきました。50メートルで溺れました」

そうすると、コメント欄にアドバイスが寄せられました。皆さん、優しいのです。


「足、バタバタしすぎませんでした？」

「はい、バタバタしてました」

「バタバタしすぎると心拍数上がって続きませんよ！ YouTubeで、『スイム・長い・ラク』みたいなキーワードで検索してみてください」


その動画を観てみると、確かに足をバタバタさせていません。腕をかくときに、足が沈まないようにゆるゆるとキックするだけなのです。学校で習ったようなバタ足はしていませんでした。

翌週、またプールに行ってみました。足をバタバタしないで泳いでみたら、なんと1キロ泳げたのです。心拍数が上がらなければ、遅くても長距離を泳げることを学びました。

「渡良瀬でトライアスリートになれました」

その日の夜、オリンピックディスタンスのレースを検索しました。すると、5月中旬に群馬県の渡良瀬遊水地で開催される「遊水地ふれあいトライアスロン」という大会があるのを知りました。早速エントリーしようとしたのですが、申し込みボタンを押すとき、緊張で指が震えました。準備期間は1ヶ月もありませんでした。水泳がいけそうなら、次は自転車40キロです。家から江の島まで試しに自転車で走ってみたら、往復で25キロでした。これなら、40キロもなんとかなるだろうと思いました。

ランニング10キロは、正直あまり自信がありませんでした。ただ、この頃には5キロを30分くらいで走れるようになっていたので、その2倍の距離くらいならいけるだろう、というこれまた甘い見通しで渡良瀬遊水地に乗り込みました。

レース当日、空手道場の友人が1人、応援に来てくれました。友人の声援に応えるためにも頑張りました。完走すれば「トライアスリート」の称号が、そして宮古島大会の挑戦権が手に入る。初めてのトライアスロンは苦しかったですが、3時間半でなんとか完走できました。喘息持ちの自分でもやればできるのだと分かり、大きな達成感と喜びに浸りました。

その夜、疲労で寝落ち寸前の状態でフェイスブックに投稿すると、祝福のコメントが続々と寄せられました。

「おめでとう！」

「これでトライアスリートですね！」

「これで宮古島のエントリー資格が得られますよ！」

僕はあくまでＯｎを日本に広めるための担当者です。それなのに、一体何をやっているのか。会社ではそのように見られていました。しかし、Ｏｎの歴史や価値観を本当の意味で理解するには、創業者のスポーツをやるしかないと思うようになっていたのです。

かつて、ハワイ島で見たアイアンマン・トライアスロンのフィニッシュシーン。僕には全く縁のない、別世界の出来事だと思っていました。ところが、もしかしたらそこにちょっとだけ近づいているかもしれない自分に、嬉しくなりました。

ついに、トライアスロンの世界に足を踏み入れた。けれども、僕がアイアンマン・トライアス

遊水地ふれあいトライアスロンの自転車パート。

ロンを走りきるのは、まだこれから3年も先のことです。

「宮古島への道」が独自のコンテンツに

渡良瀬でトライアスリートになった翌日から、「宮古島への道」が始まりました。宮古島トライアスロンを目指す僕のトレーニング記録自体が、僕自身の、そしてOnにとっての数少ないコンテンツになったのです。

僕は、リアルタイムに、かつ、オープンに投稿していきました。宮古島トライアスロンへのチャレンジを誰よりも驚いていたのは、僕自身だったと思います。そんなことが本当にできるのか、と。校庭を走ることすらできなかった喘息児だったのです。

渡良瀬から数えて、約11ヶ月。時間はあまりありません。トレーニングはできる限り毎日。この頃は、会社のメンバーと飲みに行くことも随分と減りました。

それ以前は、夜10時くらいに仕事が終わると、毎晩のように飲みに行っていました。とりあえずビールを頼んで、会社や上司の文句や愚痴。少しお酒が残った状態で、翌朝ぼんやりと出社。そんな働き方を長く続けていたのです。

しかし、それはやめました。なるべく早く帰って、少しでも走ろうと思ったからです。走れないときは、泳ぐ。週末は自転車に乗って、ちょっと長い距離を走ってみる。鎌倉から小田原まで自転車で行ったこともありました。そして、こうしたトレーニングを日々発信していきました。

少しずつ、応援の声が増えていきました。「この人、本気かもしれない。本気で宮古島トライアスロンに出るのかもしれない」と思ってくれる人が増えていきました。

そして、僕の投稿に対する皆さんのコメントの様子も変化していきました。徐々に、でも確実に、仲間の一人として接してくれているのを感じたのです。それに伴い、マーケティングに対する僕の考え方も変わっていきました。

マーケティングとは何か、という基本的な問いに立ち戻っていったのです。

第4章
全部ゼロにして、出直そう

レース2週間前の交通事故

宮古島トライアスロンまで時間が迫っていました。水泳は3キロ泳げるようになり、ランニングも25キロまでは問題なく走れるようになっていました。少し心配だったのは、自転車です。50キロほどの距離を何度か乗ってはいたのですが、100キロくらいの距離も一度は走っておかなければと思いました。宮古島に向かう2週間前のことです。

ここで、事件は起きました。

予定通り100キロほど走り、家まで残り3キロというところで雨が降り出し、視界が悪くなっていました。

そのときでした。前を走っていたワンボックスのバンが、ウインカーを出すと同時に左折したのです。ウインカーは見えず、バンの動きに反応できなかった僕は、まともに激突。3メートルほど吹き飛び、地面に落ちました。

後頭部から「カン」という音がしたと思ったら、意識を失っていたようです。ハッと気付いたら、顔に雨が当たっています。通行人が僕の顔をのぞき込んでいました。「大丈夫ですか?」

目を覚まして真っ先に気にしたのは、自転車のことでした。ヤバい、もうすぐレースなのに……。少し離れた場所に、歪んだ自転車がありました。

そちらに行こうと思ったら、動けませんでした。全身に激痛が走りました。ほどなく、救急車がやってきました。僕は病院へ搬送。自転車は証拠物件として、鎌倉の警察署に回収されました。

意外と丈夫だった身体

病院でレントゲンを撮ってもらったのですが、お医者さんが小さな声でひとりごとを言っています。

「おかしい……ヘンだな……」

僕は不安になって聞きました。

「僕の身体、何かおかしいんですか？」

「おかしい。かなり吹っ飛んだと聞いたけど、どこも折れてない……」

「え？」

「あなた、何かスポーツやってますか？」

「空手を少々……」

どうやら、事故の瞬間、僕はとっさに受け身を取っていたようでした。一人になってからは、空手の稽古と筋トレも再開していました。それが僕を守ってくれたのかもしれません。

「ああ、それですね。良かったですね。折れてないですよ、どこも。打撲はそれなりにありますが。全治2週間です」

「良かった……。2週間後、レースがあるんです」

「なんですって？」

「トライアスロンに出るんです」

お医者さんは驚いた顔で言いました。

「あのね、駒田さん。全治2週間というのは、通常の生活ができるようになるまで2週間ということなんです。プラス1ヶ月か2ヶ月は、まともな運動なんてできませんよ。トライアスロンなんて、とんでもない」

安心したのもつかの間。それはまずい。

「それだと困るんです。仕事なんです。絶対に出ないと……！」

するとお医者さんはちょっと呆れたような感じで、それでもこう言ってくれました。

「それでは、とにかく2週間は安静にしてください。痛み止めを処方しておきますから」

僕は、タクシーで家まで戻ってきました。警察は、証拠物件の自転車を家まで届けてくれました。その歪んだ自転車の写真を撮って、フェイスブックに投稿しました。

「困りました。自転車がありません。誰か貸していただけないでしょうか」

凄まじい数のコメントが次々に入ってきたことを、今も覚えています。その中に、トライアスロン専門の自転車ブランド「ＣＥＥＰＯ（シーポ）」の田中信行社長のコメントがありました。

「宮古島に試乗車を何台か持っていくので、その1台をお貸しします」

本当にありがたいと思いました。皆さんのコメントは、間違いなく僕を応援するメッセージでした。仲間として応援してくれていると感じました。絶対に完走するんだ、と目頭が熱くなりました。

Onなら大丈夫、いける

アザが残る身体で、僕は宮古島に乗り込みました。田中社長からＣＥＥＰＯの試乗車も受け取ることができました。お借りしたからには、自転車のパートでのＤＮＦ（途中棄権）はありえないと思いました。ＣＥＥＰＯを借りておいて完走できませんでした、は絶対にやってはいけないことだと思ったからです。

２０１４年4月20日、レース当日。スイムスタート会場の与那覇前浜ビーチには、1年前に約束を交わした彼がいました。

「きっと来ると思っていました」

あのときと同じように彼と握手をして、僕は合計200・2キロの旅に出ました。

3キロの水泳を終え、155キロの自転車を乗り切った僕の身体は、もうガタガタでした。次は、ランです。やっとOnを履ける……。相棒のクラウドサーファーに履き替え、僕は走り出しました。

しかし、まともに走ることはできませんでした。気持ちの高揚感もあり、最初の10キロほどは走れたのですが、そこから急に全身が痛くなってしまったのです。21キロ地点で折り返すまでに脱水症状が現れてしまい、そこからはもう歩くことしかできそうにありませんでした。

今でもハッキリと覚えています。自転車が終わった時点で、制限時間まで残り6時間。ランの折り返しまでに3時間5分かかりました。残り時間は、2時間55分です。

一般的に、フルマラソンで前半より後半のタイムを伸ばすのは難しいと言われています。ただ、宮古島トライアスロンのランコースは、前半が上り基調でした。ということは当然、後半は下り基調です。

ここで、Onのテクノロジーが活きるはずだと考えました。Onのクッションは下りに強いはずだと思ったのです。だから、残り2時間55分できっと戻れる。Onなら大丈夫、いける。そう思い込もうとしました。

ある願掛け

このとき、僕は願を掛けました。もしこのレースに完走できたなら、日本でOnを広めることもできる、と。

僕にとって、宮古島トライアスロンを完走するのは難しい挑戦です。ただ、Onを日本でトップブランドにするのは、きっとさらに難しい。ここでやり遂げられない人間が、この先、より難しい何かを成し遂げられるでしょうか。

あまり良くない願の掛け方だったかもしれません。もしここで僕が完走できなかったなら、Onもうまくいかないということになってしまうからです。でも、そのくらいの気持ちで走ろうと思ったのです。

そしてもう一つ、個人的な想いもありました。このレースを完走できたら人生を変えられるのではないか、と。ずっと逃げてきた自分を今日ここで変えるのだ、と。

そう決意して21キロ地点を折り返しました。それでも、身体は痛みます。脱水症状が進み、手足が痺れていきます。着地の感覚が薄れ、1キロ1キロが途方もなく長く感じます。全身が焼けるように熱く、事故で打撲した場所もズキズキと痛みました。

顔を歪め、下を向いて歩いたり走ったりしている僕に、多くの人が声をかけてくれました。

宮古島トライアスロン2014のフィニッシュゲート。

「頑張ってください！」
「フィニッシュラインで会いましょう！」

僕は、そうした人たちとハイタッチしながら進みました。みんなもキツいはずなのに、笑みを浮かべてくれています。僕もすれ違う人たちに声をかけました。すると、笑顔が返ってきました。
この人たちは、みんな仲間なのだと思いました。

もしかしたら、これが好きなんじゃないか

太陽が沈んでいきます。ランコースを走る人もまばらになっていきました。制限時間は容赦なく迫ってきます。手元の「アイアンマン8ラップ復刻版」を確認しながら、僕は進みました。

残り11キロ。制限時間まで1時間半。キロ9分で歩いてしまうと、99分。間に合わない。キロ8分なら、88分。ギリギリ間に合う。
朦朧《もうろう》としつつある頭で、必死に計算しました。痛かろうとなんだろうと、もう走らないと間に合わない。それだけは分かりました。

息が苦しい。手足が痺れる。身体が痛い。

「俺はなんでこんなことをしてるんだろう」

ふと、そんなことを思いました。

走ることがこの世で一番嫌いだったはずなのに。仕事だから走り始めた。そうしないといけないと思ったから。でも、それだけでは続かなかったはずです。

「お前は何がしたいんだよ」

先輩の言葉が蘇ってきました。あのときは何も答えられませんでした。あのときからずっと、考え続けていました。考えながら、走っていました。


感動して、約束して、行動した。人に支えてもらって、エールを交換し合った。ハイタッチして、笑顔になった。多分、これだ。行動することによって、魂に火が灯る。人と人が繋がって、笑顔が広まる。

フィニッシュ直前。笑っているような、泣いているような……。

それが、きっと僕のやりたいことだったのです。

宮古島トライアスロン完走。また、あの問いへ

制限時間まで残り10分。真っ暗な道を進み、宮古島市陸上競技場のゲートをくぐると、スポットライトが正面から当たりました。一瞬目がくらんで、前が見えなくなりました。

目が見えるようになると、たくさんの人たちの笑顔がそこにはありました。僕を待ってくれている人もいました。ハイタッチしてくれる人、手を振ってくれる人、よくやったと言ってくれる人……。

笑っているような、泣いているような。少しだけ目を拭って、フィニッシュテープを掴み、思い切り頭上に掲げました。

13時間24分41秒、制限時間6分前のフィニッシュ。その直後、あの花火が上がったのでした。

制限時間6分前のフィニッシュ。

その日の夜、友人に撮ってもらったフィニッシュラインの写真をフェイスブックに投稿しました。コメント欄には、凄まじい数のメッセージが寄せられました。コマちゃんよくやった、と。誇りに思う、と。

このとき、レース中に感じていたことを再確認しました。この人たちはお客さんだけど、同時に仲間なのだと。そして、自分の中で大きなテーマになりつつあった、「マーケティングとは何なのか」という問いにまたもや戻っていきました。

マーケティングに対する根本的な疑問

セグメンテーション、ターゲティング、ポジショニングからマーケティング施策の4Pを考えていくというセオリー。マーケティングの本の最初の方に出てくる、基本的な考え方です。

ただ、当時から疑問に思っていたことがありました。それは、マーケティング戦略立案のスタート地点とも言うべき、セグメンテーションです。マーケットにいる不特定多数の顧客を様々な切り口で分類し、特定の属性ごとにグループ（セグメント）を作ること。それが、セグメンテーションです。ある属性ごとに、人を塊として捉える。例えば、20–34歳の女性ランナー。あるいは、35–49歳の男性トライアスリート。

しかし、言うまでもなく、その「塊」の中にいる一人ひとりは、個性豊かな存在です。東京マラソンＥＸＰＯで出会ったランナーには、色々な人がいました。Ｏｎを見て面白いと思う人も、そう思わない人もいました。宮古島トライアスロンでも、同じように様々な人に出会いました。大切なのは、あくまでその人がどういう人なのか、ということです。地理的要素だけ、あるいは人口動態要素だけで人を区分けしきることはできません。そうだとすれば、従来のマーケティングには限界があるのではないかと疑問に思うようになったのです。

人を塊で捉えることなく、一人ひとりに向き合って、一人ひとりにメッセージを届けたい。一人ひとりと声をかけ合い、ハイタッチして励まし合ったあのレースのように。

そのようなことはできないのだろうか。ただの夢物語なのだろうか。そんなことを考え始めました。

なぜ、ブランドのメッセージは届きづらいのか

こんなことを考えるようになったのは、すでにお話ししたように、マーケティング予算が潤沢になかったからです。

もし、最初から希望通りのマーケティング予算が使えたなら、僕は何の疑問もなくセオリーを追いかけていたと思います。20－34歳の女性ランナー、あるいは35－49歳の男性トライアスリート。そんなふうに市場をセグメント分けして、そこに合うメディアに出稿していったと思います。

しかし、そのお金はありませんでした。市場調査すらままならなかった。僕ができたことは、SNSを通じて一人ひとりに向けて手紙を書くようなことだけでした。EXPO会場でそれらの人たちとコミュニケーションをとり、レースでエール交換やハイタッチをしながら「一人ひとりに向き合うこと」だけでした。

その行動の中で、従来のマーケティングをやろうという気持ちが次第に薄れていきました。もっと言えば、そもそも人は「マーケティング」をされたくないのではないか、とすら思い始めたのです。マーケティングされていると思うから、日々あちこちから届くメッセージを煩わしく思ってしまうのではないかと。

確かに、実際にマーケティングの仕事をやるのであれば、多かれ少なかれセグメンテーションはすることになります。しかし、セグメント分けされた塊の外側には、「殻」のようなものがあるのではないかとイメージするようになりました。その殻が、どうやらマーケティングメッセージを弾いてしまうようなのです。

ところが、その殻の内側に飛び込んだらどうなるか。自分から「35‐49歳の男性トライアスリート」というセグメントの中に入っていって、一緒に同じトライアスロンを楽しんだらどうなるのか。すると、僕の発信するメッセージは、もはや殻に弾かれることはなくなります。

この段階で、僕はあることに思い至りました。セグメントという塊として集団を見るのではなく、一人ひとりの顔を具体的に想像できる「コミュニティ」として人と向き合おうと。コミュニティの仲間になれたなら、僕の言葉は一人ひとりに届くのではないかと。


トライアスロンに自分なりに真剣に取り組み、宮古島トライアスロンに出ようと思った僕に、コミュニティのみんなは温かく接してくれました。トレーニングのアドバイスをしてくれて、日々励ましてくれて、事故にあったときは自転車まで貸してくれました。

彼らは、こう思っていたそうです。駒田という人が宮古島トライアスロンに出たいと言っていて、そのために毎日ジタバタともがいていて、そして、その彼はどうやらOnという新しいスポーツブランドを広めようとしているらしい……。

もし、殻の外からメッセージを届けようとしたなら、この順番にはならなかったでしょう。Onというブランドがあり、「中の人」として誰かがいる。しかし、コミュニティに飛び込んでいったなら、順番が逆になるのです。駒田という一人の人間がいて、Onというブランドがある。

そういうことが起こり得るのだと、宮古島トライアスロンに完走した夜に気付き始めたのです。そういうことをやってみたい。その先にどんな光景が待っているのか見てみたい。そう思いました。

北海道から戻ると最後通告

２０１４年8月下旬、洞爺湖周辺で開催されたアイアンマン・ジャパン北海道にブース出展をしました。宮古島トライアスロンのときと同じように、出場者の中にはＯｎを履いてレースに出てくれる人もいました。

Ｏｎを履いてアイアンマンを完走する人たちの姿を見て、来年はこのレースを走るのだと思いました。オリヴィエとの約束があったからです。

この年の前年、２０１３年8月のアイアンマン・ジャパン北海道に、Ｏｎ共同創業者の一人、元プロトライアスリートのオリヴィエ・ベルンハルドが来日していました。彼と一日レースを応援して回り、いつかＯｎを履いてアイアンマンになりたいのだと伝えると、彼はニッコリと微笑んでこう言ってくれたのです。それは、それからずっと僕を支える言葉の一つとなりました。

「ヒロキならきっとできる」

あれから1年。宮古島トライアスロンに完走し、来年はいよいよアイアンマン・トライアスロンに挑戦するのだと気持ちは高まっていきました。

しかし、北海道から戻って来ると、思わぬ事態が待ち構えていました。

「駒田くん、ちょっといいかな」

そう上司に呼ばれて、何かと思いました。上司は単刀直入に言いました。

「On、やめることになったから」

一瞬、何を言われたのか分かりませんでした。出てきた言葉は、「なんでですか？」だけでした。

理由は、「売れないから」でした。1年半様子を見たけれど、これから先も売れるとは思えない。トップブランドに食い込めるほどのポテンシャルを感じない。そういう説明を受けました。

僕の考えは全く違いました。今の売上こそ少なくても、うまくいく兆しは見えつつありました。一人が強烈なファンになると、その人は周りの人たちに伝えてくれて、ファンが増えていく。その事実に気付き始めていました。でも、それを証明するデータがありませんでした。それでも、自分なりに説明しようとしたのですが……。

「フェイスブックで100人と繋がったからって、それが何なの？　その中の何人が『いいね！』して、何人が買うわけ？」

「それは……」

「いつか1000人と繋がったとしたって、それが何なの？　そのうちの何パーセントが買うの？」

そういうことじゃない、と思いました。ただ、それをきっちり説明できる言葉が当時の僕にはありませんでした。

「もう決まったんだよ。これはスイス本社で決定したことだから」

ショックでした。Ｏｎを巡る日々は、僕の心の支えになっていました。目標を掲げて走って、汗をかいて、少しだけビールを飲む。それをフェイスブックに投稿し、応援してくれる人たちに見てもらう。Ｏｎのファンを広げていく。それが僕の楽しみでもありました。

ところが、それができなくなってしまうのです。唯一、打ち込めていたものが取り上げられてしまう。僕は絶望感に襲われました。

運命を変えた一本の電話

実は、妻子と別居した後も離婚問題はまだ続いていました。そのために金銭的に厳しい状況に追い込まれ、まともに生活できなくなるかもしれないという不安が常につきまとっていました。

実家はもうない。妻子もいない。お金はなくなり、打ち込んできた仕事もなくなってしまう……。

その日の仕事が終わり、帰りの電車を待つためにホームに立っていました。電車のやってくる音が聞こえます。無意識のうちにホームの端へ歩いていきました。黄色い線を越えたとき、足裏に凸凹の感触を覚えました。同時に電車のライトが光るのが見えました。

その瞬間ハッと我に返り、後ろに一歩下がることができました。電車の警笛の音が聞こえ、僕の心臓は激しく脈打っていました。脚が震えていました。

危なかった、と思いました。もう一歩進んでしまっていたら……。茫然としながら帰宅しました。心臓はまだドキドキしていました。シャワーを浴び、ソファに座り、深く息を吐き出すのと同時に出てきたひとりごとを、今も鮮明に覚えています。

「はぁ……まあ、生きてるし……」

離婚問題では、財産を差し押さえられるかもしれないと聞きました。そうか、それならもう仕方ない。このマンションはいらない。車もいらない。何もかも手放して、手持ちのお金は全て渡してしまえば良い。

だけど、まだ元気な身体がある。生きていて、仕事をする気力が残っているなら、まだなんとかなるじゃないか。そう思うと、不思議と心が軽くなりました。

翌日出社して、やっぱり会社を辞めようと思いました。Ｏｎがなくなるのであれば、もう会社にいる意味はない。どうせ、Ｏｎをやるか会社を辞めるか選べ、と言われていたんだから。

何か別のことをしよう。それが何かはまだ分からないけど……。そんなことをぼんやり考えていると、僕に声がかかりました。

「駒田さん、スイスからお電話です」

「スイス？」

Ｏｎ共同創業者の一人、キャスパー・コペッティからでした。ここから、思ってもみなかった展開が始まるのです。

第5章
まさかの「Onジャパン」発足

「ヒロキはOnをどう思う？」

スイスからの電話の主は、一度だけ会ったことのあるOn共同創業者の一人、キャスパー・コペッティでした。

「ハーイ、コマダさーん！　元気かい？」

陽気な声が聞こえてきました。

普段の僕なら、「アイムファインサンキュー、アンドユー？」と日本人的な返事をしたはずです。しかし、そのときばかりは、とてもそんな気持ちになれませんでした。

「ニュースを聞いた。正直、ショックだ」

すると、キャスパーの声のトーンが変わりました。

「聞いているなら話は早い。2週間後に日本に行くから、話を聞かせてくれないか？」

驚きましたが、これはチャンスだと思いました。まだできることがあるかもしれない。キャスパーにプレゼンテーションをしてみようと思いました。僕はすぐに資料作りに取り掛かりました。

それから1週間ほどして、また驚きの出来事がありました。オリヴィエからメールで連絡があったのです。

「今、ベトナムの工場にいるんだ。これから、ハワイ島のアイアンマン・トライアスロン世界選手権に向かうよ。トランジットで日本に少し寄るから、成田空港で会えないかな？」

キャスパーが日本に来る1週間前です。資料作りで忙しいところでした。他の誰から連絡がきても、会うのは断っていたと思います。しかし、オリヴィエなら話は別です。成田空港まで会いに行こうと思いました。

オリヴィエはお寿司を食べてみたいと言うので、空港の寿司屋で会いました。カウンターで隣に座ったオリヴィエは、こう切り出しました。

「キャスパーから来週、会うという話は聞いているよ。今回のことをどう思う？」

「ショックだったよ。でも、キャスパーに伝えたいことがあるので、考えをまとめているところなんだ」

オリヴィエはじっと僕の目を見ました。そして、こんな質問をしました。とても深い質問を。

「ヒロキはＯｎをどう思う？」

僕は少し考えて、こう答えました。

「Ｏｎは俺の人生を変えてくれた。Ｏｎのおかげで楽しくなった。Ｏｎに感謝している」

そして、こう続けました。

「俺の人生を変えてくれたＯｎには、他の誰かの人生も変える力があると信じている」

オリヴィエは、ニッコリと微笑みました。「いい答えだ」と添えて。こうして、オリヴィエはハワイ島に飛んでいきました。

一世一代のプレゼンテーション

2014年10月、キャスパーへのプレゼンテーションの日程が迫っていました。僕の資料作りも大詰めを迎えていました。

苦手な英語をカバーするため、プレゼンテーションで話したい内容を全て原稿に準備しました。そして運命の当日。一世一代のプレゼンテーションです。

僕は原稿を読みながら、説明しました。東京マラソンEXPOや宮古島トライアスロンで起きたこと。そこで得られた仮説。少ないけれども実績。日本で何が起きつつあるのか。そして、これから日本でOnをどうしたいのか。

話を進めるうちに、僕は原稿を無視し始めました。原稿を見るのではなく、キャスパーの目を見ながら話しました。言葉は拙くなりましたが、そんなことよりも気持ちを伝えたいと思ったのです。原稿を読みながらでは、気持ちが伝わるわけがないと思ったのです。

僕がキャスパーに伝えたかったメッセージとは、突き詰めればたった一つでした。

「Onジャパン株式会社を立ち上げさせてほしい」

加えて、自分自身には全く資力がないため、全額出資してほしいとも。我ながら、なんとも都合の良い話です。売れておらず、見込みがないと思われたから撤退が決まったというのに、全額出資して日本法人を作ってくださいと提案するわけですから。

「Ｏｎを日本からなくしてはいけない。これからも日本にＯｎの楽しさを、ランニングの楽しさを広めたい」

それでも、僕は言いたいことを言いました。それが、「やるべきこと」ではなく、自分の「やりたいこと」だと知っていたからです。

キャスパーは普段、泰然とした態度を崩さない人です。そのキャスパーですら、僕の話を聞いて考え込んだ様子でした。

「私は創業者の一人ではあるけれど、一人では決められない。役員会にかけさせて欲しい」

そして、キャスパーは視線を落とし、おもむろに自分のiPhoneを触り出しました。まるで、考えるのをやめてしまったかのように。

僕は内心焦っていました。僕の提案に興味はないのか、やっぱりダメなのか……。

そう思ったら、彼は顔を上げてニッコリして、こう言いました。

「ヒロキ、誰からショートメッセージが来たと思う？　オリヴィエだよ」

びっくりしました。そしてキャスパーは続けました。

「こう書いてある。『絶対にヒロキをＯｎに迎え入れろ』と」

そのためにわざわざ成田空港で会ってくれたのか、オリヴィエ……。僕は溢れそうな涙をこらえるのに必死でした。

「スイスに戻って、みんなで話し合う。少し待っていてほしい」

ミッションは、敗戦処理

こうして、キャスパーはスイスに帰って行きました。ここから、僕にとっては待ちの日々が始まります。それから音沙汰がなくなってしまったのです。

ところで、ＤＫＳＨがＯｎをやめることは、まだ公表されていませんでした。契約終了日は、２０１５年4月30日。それまでは、ＤＫＳＨがＯｎを引き続き取り扱うことになっています。だから、市場を混乱させないためにも、この時点ではまだ誰にも言ってはいけないことになっていました。

当時のＤＫＳＨにおける僕のミッションは、言ってみれば「敗戦処理」でした。次の代理店を見つけ、スムーズに引き継ぎを済ませること。だから、キャスパーが来日したとき、彼と一緒にいるのは不自然ではありませんでした。キャスパーが興味を持ちそうなお店に連れて行ったのも、契約の一環。プレゼンテーションも同様でした。表向きは次の代理店候補を探すということになっていましたが、僕の狙いはＯｎジャパンを立ち上げること。

ところが、提案に対して音沙汰がない。Ｏｎが日本から消えるかもしれない。そんな不安を持ちつつも、それは表に出さず、僕は淡々と仕事をしていました。気持ちと頭を切り離すように。

敗戦処理には返品対応も含まれていました。ＤＫＳＨが持っていた在庫を、Ｏｎに引き取ってもらうよう交渉することです。Ｏｎとしては、撤退する代理店から返品など受けたくない。ただ、在庫が特価で市場に流れたりするのは困る。

ＤＫＳＨの立場と、Ｏｎの立場。ややこしい状況で、僕は一人で交渉していました。僕の提案が受け入れられるかどうかは別にしても、嫌な終わらせ方はしたくありませんでした。どちらにとってもダメージが最小限になる方法を探っていました。しかし、その姿勢が上司は気に入らなかったようでした。

「撤退するんだから、早く返品させてもらえ。君はＯｎのスパイか？」とまで言われました。

相変わらず、キャスパーからは連絡がありませんでした。そんな中、宙ぶらりんの状態で僕は過ごしていたのでした。

待ち焦がれた「スイスからお電話です」

２０１４年も12月に入りました。思い返せば、Ｏｎに出会ったのは2年前の今頃のことです。まさか、この自分がＯｎを日本に残すためにこれほど気を揉むことになるとは、あのときは想像もしていませんでした。

10月のプレゼンテーションから2ヶ月経過していました。音沙汰がないということは、僕のプレゼンテーションは役員会で却下されてしまったのだろうと思い始めていました。

いよいよ年末が近づいてきたある日、どこかで聞いたような言葉が聞こえました。

「駒田さん、スイスからお電話です」

「スイス⁉」

そして電話に出ると、ハイテンションな声が聞こえてきました。

「ハーイ、コマダさーん！　元気かい？」

キャスパーでした。挨拶もそこそこに、キャスパーは切り出しました。

「ヒロキのプランでいく。２週間後、チューリッヒに来てほしい。日本のクリスマス休暇は、いつまでだ？」

「1月上旬までだが、いつでも行く」

「クリスマス休暇後で構わない。私にしてくれたのと同じプレゼンテーションを、全役員の前でしてほしい」

魂に火が灯りました。実は、もうダメかもしれないと思い始めていたのです。これでＯｎが日本から消えずに済む。まだＯｎを続けられる。

すぐに、出張手続きを取りました。敗戦処理の一環としてＯｎ本社に出向くことに、何も問題はありませんでした。そして、日本におけるＯｎの今後について、Ｏｎ本社の役員たちにプレゼンテーションをすることも。

僕はスイスに飛びました。Ｏｎ本社で待ち構えていたのは、質問の嵐でした。

「日本の人口は何人だ？」

「日本にランナーはどのくらいいる？」

「営業担当を一人雇ったら、携帯電話代は月いくら？」

プレゼンテーションの後に、こうした質問が３時間、４時間と続きました。ものすごく大きな質問から、超細かい質問まで。

僕は疲労困憊していました。ただでさえ英語が苦手なのに、ずっと英語で対応しているのです。もはや、日本語でも喋れないのではと思うほどに、脳は疲弊していました。ちなみに、この状態を僕は後に「英語死」と名付けます。

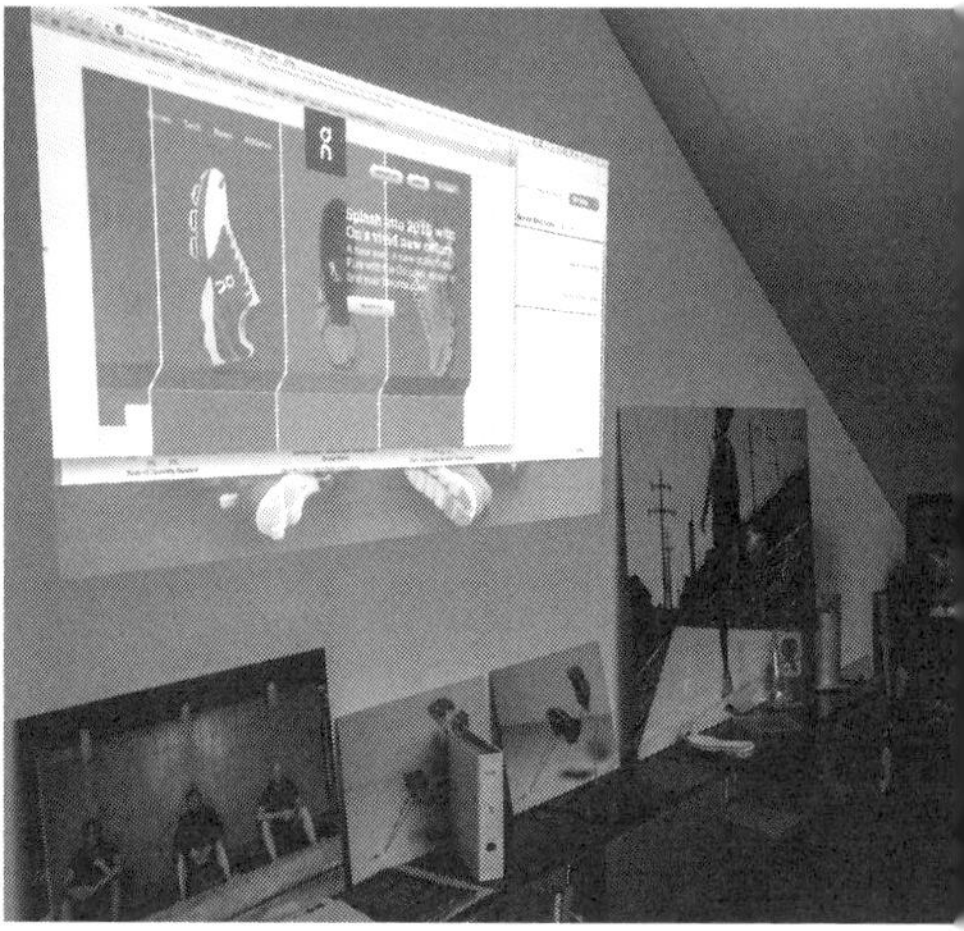

2015年当時のOnスイス本社。

そして、最後にこんな問いかけがありました。

「それで、ヒロキは来てくれるのか？」

英語死状態の僕の口から出てきたのは、自分でも驚くほどのカタコトでした。

「ウン、オレ、イク」

すると5人が顔を見合わせて驚きました。役員の一人が言いました。

「もうちょっと考えた方がいいんじゃないか？人生のことだよ」

「ダイジョウブ。ダッテ、オレ、モウ、ケッコン、シテナイ」

8時間ほどの会議の最後、爆笑が会議室を包みました。

「ヒロキ、お前はサムライだな（笑）」

みんなは笑い、キャスパーが僕の肩を叩き、オリヴィエは微笑んでいました。

スタートした「ビッグ・イン・ジャパン」プロジェクト

一世一代のプレゼンテーションは実りました。アメリカのポートランドに続く、2番目の現地法人です。日本法人設立のプロジェクト名は、「ビッグ・イン・ジャパン」。

Ｏｎジャパンの立ち上げ日は、２０１５年5月1日に決まりました。４月30日がＤＫＳＨとの契約終了日ですから、うまくいけばこれ以上ないスムーズな移管となります。

輸入総代理店であったＤＫＳＨが撤退の判断をしたのに、どうしてＯｎは日本に直接打って出ることに決めたのか。結果は出ていないと見たＤＫＳＨに対し、Ｏｎは僕がしきりに訴えていた「一人、また一人とファンを繋ぐこと」に可能性を感じてくれたのだと思いました。

当時、「コミュニティマーケティング」という言葉が使われているのを、少なくとも僕は聞いたことがありませんでした。せいぜい「口コミ」でした。だから、自分がやろうとしていることを、完璧には言葉で表現できませんでした。ただ、それでもニュアンスは伝わったようです。当時、僕が言っていたのはこのようなことでした。

「Ｏｎを深く好きになってくれた1人の周りには、同僚や友達や家族、少なくとも30人くらいはいるはず。この30人の中の３人でもＯｎを深く好きになってくれたなら、この３人の周りにまた30人がいる。こういう広がり方を目指したい」

大量のお金を使ってマーケティングコミュニケーションをしていくという従来の方法とは完全に一線を画す。ＤＫＳＨはこれを遠回りだと判断したけれど、個人的にはこれが最短距離だと信じている。僕はそんな説明をしました。

そして、このやり方は、実はとてもＯｎらしかったのだと思います。先にも触れたように、日本でＯｎを履いている人同士が「それＯｎですね！」と話しかけ合うことがあるのですが、これは日本だけの現象ではなかったのです。スイスやアメリカ、ドイツなどでも同じことが起きていました。

大手有名ブランドではなく、まだあまり知られていない個性的なブランド。そんなブランドを選んだ者同士ということで、どこか親近感を覚える。だから、ちょっと話しかけてみたくなる。そんな光景が世界のあちこちで生まれていたのです。それを、ほんの少しだけ後押ししてあげればいい。そうすれば、「一人、また一人とファンを繋ぐこと」が実現する。そう考えたのです。

僕はＯｎを選ぶ人を、色々なことを面白がることのできる人たちなのではないか、と感じていました。色々なことに興味を持って、楽しもうとする人たち。そういう人たちを繋げ、ブランドを広める。それが、僕のプランの根幹でした。

実際、まさにそういう人たちによって、まだ無名だったＯｎは少しずつ日本で知られるようになっていくのです。

ごく個人的な思い。だからこそ全てを懸けられる

日本法人を作ってほしいと提案したのは、商社での取り扱いではどうしても限界があると感じていたからです。商社では、様々な商材が出たり入ったりしていきます。そうすると、商材に対する思い入れを持つことは、想像以上に難しいのです。

このブランドが撤退することになりました、その代わり別ブランドが入ってきます、だから入れ替えましょうという商談をする。撤退するブランドはなるべく売り減らして、それでも市場に残った在庫は特価で処分し、メーカーに返品する……。

その繰り返しの中で、取り扱うブランドに対して深い思い入れを持つことは、時に自分を傷つけることすらあるのです。「駒田くん、On、やめることになったから」と言われたとき、それを実感しました。

いくら代理店を変更しても、同じことがまた起きかねないと思っていました。同じことを繰り返していたら、ランニングマーケットという熾烈な市場で無名のブランドが成功するはずがない。だから、本気でやるなら日本法人を作る必要があるのだ、というのは僕の確信だったのです。

キャスパーからは、こんな質問をされました。

「なぜ、日本にOnがなければいけないと思う？」

僕はオリヴィエに話したときと同じ話をしました。Onは自分の人生を変えてくれた。だから、他の誰かの人生を変えられる力もあるはずだ、と。僕は、さらにもう一歩踏み込んで話をしました。

「ランニングが大嫌いだった俺のような人間が、ランニングが好きになり、トライアスロンまでやろうと思うようになった。そして今、こんな話をさせてもらっている。人生が変わったのだと思う。そこまで思える人間が1人いるのであれば、似たようなことを感じる人は、この世にもっとたくさんいるはず。ならば、その人たちのためにも、Onは日本に存在する意味があるんだ」

キャスパーは少し驚いていたようでした。そして、こう言いました。

「グッド。いい理由だ」

僕は言いました。言葉に気持ちを乗せて。

「ごく個人的な想いに過ぎない。だからこそ、自分の全てを懸けて、Onを日本に根付かせるために努力することを約束できる」

採用第1号は、セールスの「世界の鎌田」

2015年1月、スイスから帰国すると、会社立ち上げの準備を始めました。まず、やらなければならなかったのは、DKSHジャパンの上司に報告することでした。

「Onジャパン株式会社を立ち上げることになりました。僕は、そこに移籍します」

上司の反応は、意外なものでした。

「そうか。いいんじゃないか。なんとなくそんな気もしていた。ただ最後まで、うちのためにもしっかり働いてほしい」

まるで、僕がＯｎの日本法人を作ることを察していたかのような口ぶりでした。Ｏｎの仕事にのめり込んでいた僕を見て、そう感じていたのかもしれません。

タイメックスのチームメンバーたちも同様でした。Ｏｎに真剣に取り組み、トライアスロンにまで出た僕を見て、驚いていた同僚も少なくなかったと思います。僕の仕事の半分はタイメックスにあったのですが、気持ちはＯｎに向いていたことも分かってくれていました。だから、「やっぱりね」という雰囲気でした。「良かったな！」とも言ってもらえました。

「ビッグ・イン・ジャパン」プロジェクトの開始にあたって、Ｏｎ本社から与えられたミッションは3点でした。立ち上げメンバーを採用する。オフィスを作る。そして、取引先の心を繋ぎ止める。会社設立の事務手続きなどは、全て社外のパートナーに任せることになりました。

まずは、採用です。僕の役割は、セールスとマーケティングの統括ということになりましたが、一人で日本法人を運営できるはずがありません。まずは、セールス担当者を採用する必要がありました。

ちょうどその頃、東京マラソンEXPO 2015の準備を同時並行で進めていました。日本法人立ち上げ直前の大事なイベントです。今後の行く末を占う意味もあると思っていました。
そのイベントの販売応援スタッフとして、僕はある男に連絡を取りました。

彼の名は鎌田和明（カズ）、日本におけるＯｎの最初のアンバサダーでした。彼は、アイアンマン世界選手権で年代別5位になったこともある、力のあるトライアスリートでした。だから僕は、尊敬の念を込めて彼を「世界の鎌田」と呼んでいたのです。そのたびに彼は「やめてくださいー（笑）」と謙遜していましたが。

カズは当時、ランニングを中心としたパーソナルトレーナーをしており、取引先主催のランニングイベントで彼に手伝ってもらうと、とても評判が良かったのです。レッスンが分かりやすいし、爽やかで素敵だ、と。

だから、僕は彼に東京マラソンEXPO 2015のアルバイトをお願いしようと考え、カフェで相談していました。ただ、話をしているうちにふと思ったのです。「アルバイトじゃなく、セールスになってくれないかな？」と。

そこで、思い切って彼にその話をしてみると、とても前向きな反応でした。
「Ｏｎはカッコいいと思いますし、ポテンシャルもあると思います。ちょっと妻に相談してから、またご連絡させてください」

彼には「モノを売る」という意味でのセールス経験こそありませんでしたが、個人で仕事をしていたので営業力は備えていました。言ってみれば、彼自身を商品として、世間に向けて営業していたわけです。

何より、僕には直感的な確信がありました。彼しかいない、と。アスリートとしての経験もさることながら、何より人柄が良かったのです。明るくて、堂々としている。いかにもOnらしいなと思ったのです。

こうして、Onジャパン採用第1号は、「世界の鎌田」こと鎌田和明になりました。

「楽しく仕事をしたいです」の意味。ヤスコ姫の採用

「カズの採用、おめでとう。次はカスタマーサービスマネージャーの採用だ。2週間以内に雇ってくれ」

東京マラソンEXPO 2015が無事終了し、カズの採用が確定しました。その直後、COOのマークからこのようなメールが入ったのです。

思わず笑ってしまいました。一般的には、すぐに採用が決定したとしても、前職の退職手続きも引き継ぎもある。だから、採用活動の開始から普通3ヶ月はかかる。マークにはそう伝えてみました。

「分かった！　でもやってみてくれ。無理だったらそのとき考えよう！」

分かってなさそうだなぁ……と思いながら、当時の僕の唯一の情報発信ツールであるフェイスブックに投稿してみました。

「セールスは採用が決まりました。次は、カスタマーサービスマネージャーです。誰か良い人がいたら、紹介してください」


すると、すぐにメッセンジャー経由で連絡が入りました。連絡をくれたのは、2014年からアドバイザーをしてもらっていたプロフットレーサーの岩本能史《のぶみ》さん。岩本さんは、フルマラソン以上の距離を走る「ウルトラマラソン」という競技の日本の第一人者でした。

彼は「MY☆STAR（マイスター）」というランニングチームを主宰しており、そのメンバーに適任者がいるということでした。しかも、その人はOnの「クラウドレーサー」の愛用者で、実際にウルトラマラソンを走ったことがあると。


岩本さんは、メッセージでこう続けました。

「彼女の名前は、前原靖子（ヤスコ）。大手不動産会社に勤めていましたが、現在は退職しています。英語が堪能で、走れます。おまけに、よせばいいのに美人です」

その場で「はい、採用」と返信しそうになるのをグッと抑え、彼女との面接をセットしてもらうことにしました。まだオフィスはないため、ミーティングの場所はJR桜木町駅直結のビルに入ったスターバックスとしました。

面接当日、先に着いて待っていると、ハイヒールの音をカツカツと響かせながら、とんでもない目力の女性が歩いてきました。姫感がすごい。それがヤスコでした。

面接というものは、普通は採用する側が多く質問をするものだと思います。8割聞いて、こちらが2割質問に答えるという感じでしょうか。ところが、このときは真逆でした。僕が8割喋っていました。Onというブランドをこれからどうしたいのか、Onジャパンにどんな人が欲しいのか……。

ただ、一方的に喋るわけにもいきません。僕はヤスコに聞きました。

「仕事で大切にしたいことは何ですか?」

すると、彼女はスパッと一言だけ返してくれました。

「楽しく仕事をしたいです」

楽しいことと、ラクであることとは違います。目指す場所に辿り着くためには、苦しいこともあります。それでも、その場所に向かっていると知っているなら、道中の苦しさですら楽しめる。僕がランニングやトライアスロンから学んだのは、そういうことでした。

だから、「楽しく仕事をしたい」と答えたヤスコはまさにOnだと思いました。ヤスコ姫採用確定、という言葉が頭の中に響きました。

僕は岩本さんにメッセージを入れました。「良い人を教えていただいてありがとうございます。確かに、彼女が最適任者です。そして、よせばいいのに美人でした。目力、圧倒的でした」と。

こうして、Onジャパンのスターティングメンバーが3人揃ったのです。

何かに導かれるように

この頃、僕は自分が大きな流れの中にいるように感じることが何度もありました。カズやヤスコと出会い、採用できたこともその流れのおかげだと思います。そして、もう一つ個人的なエピソードがあります。

「カスタマーサービスマネージャーに誰か良い人がいたら、紹介してください」というフェイスブックの投稿にはたくさんの人が反応してくれました。そして、僕の投稿をシェアしてくれた人の中に、懐かしい名前があったのです。

彼女の名は、浅井円（まどか）。法政大学時代のサークル仲間で、一つ学年が上だった先輩です。大学を卒業してから、同じサークル仲間の結婚式で会ったことはありましたが、あまり言葉を交わすことはありませんでした。司法浪人だった僕が、極力気配を消していたこともその理由でしたが。

懐かしさと嬉しさで「久しぶり。どうして投稿をシェアしてくれたの？」とメッセージを送ると、「博紀が頑張っているような気がしたので、応援したくて」と返信がきました。

Ｏｎジャパン立ち上げ直前の忙しい時期でしたが、２０１５年３月29日に彼女と会うことにしました。それから、たびたび会うようになりました。大学を卒業してからのこと、サークル仲間でよく集まったあの家はもうないこと、妻子と別れたこと、全て話しました。あの頃、仕事のことや人生のことを誰よりも相談した相手は、間違いなく彼女でした。

彼女の斬新な物の考え方、底抜けの善良さと明るさは、僕を救ってくれました。ただ、結婚というものに対して、僕が及び腰になっていたのは事実です。もう、あんな思いは二度としたくないと思っていました。

「それでもいい。博紀と一緒にいられたらそれでいい」

そう言ってくれた彼女は今、僕の妻になっています。再会からちょうど1年後、２０１６年３月29日に籍を入れました。二度と結婚しないと思っていた僕を、心から支えてくれたのがまどかでした。

バカにされるのが嫌で、大切だった大学時代の人間関係から逃げ出したはずなのに、人生の大きな流れは、僕をそこにまた引き戻しました。

人生において、逃げようとしたものは、形を変えて追いかけてくる。それは悪い意味でも、良い意味でも、僕にとって人生の真理だったようです。

オフィスが横浜になった理由

立ち上げメンバーの採用は完了しました。次のミッションは、オフィスを作ることです。

「オフィスの場所、どこが良いと思う？」

とりあえず僕は、カズとヤスコにそう聞いてみました。二人から返ってきた答えは、いずれも

「横浜」でした。二人とも、横浜市民だったのです。なんと素直な。

これはちょっと考えないといけないぞ、と思いました。キャスパーが日本に来たときのやりとりを思い出したからです。

日本のＯｎ取扱店舗をキャスパーに見せるため、都内のあちこちを歩いていて、渋谷から原宿に差しかかろうとしたときのことです。

「ヒロキ、ここはなかなか良いね。どういう場所なんだ？」

そこは、キャットストリートと呼ばれる場所でした。ＪＲ原宿駅から表参道に向かい、途中の細い道を渋谷へ抜ける道。そこは、いわゆる日本の流行発信基地ともいうべき場所です。初めて日本に来たキャスパーは、一目でその場所のポテンシャルに気付いたのでした。

「ここは……俺の理解だと、ストリートファッションとカルチャー、そしてスポーツが交差する場所だ」

「グッド。良い場所だ」

そんな会話を交わしてから数ヶ月後。「ビッグ・イン・ジャパン」プロジェクト立ち上げの頃から、キャスパーは折に触れてそのキャットストリートについて言及していました。Onジャパンのオフィスはそこがいい、と。

僕はとんでもない、と思いました。もちろん、場所は素晴らしい。しかし、家賃が高いのです。ものすごく。

僕は日本におけるOnを必ずや成功させるつもりでいました。ただ、それでも初年度は赤字になることはほぼ確実と見ていました。それならば、固定費であまりに大きな出費は気が引けます。というより、やってはいけないことだと考えました。赤字確実の上、キャットストリートにオフィスを構えたりしたら、もうとんでもないことになってしまう。日本再撤退の危機は二度と見たくない。

だから、横浜にオフィスを構えるというのは、悪くないと思いました。主に、家賃的な意味で。次に、カズとヤスコに喜んでもらうという意味で。

そこで、僕はまたもや人間関係に頼ることにしました。カズの大学の先輩に、不動産会社の経営者がいたのです。その人は、カズと同じくトライアスリート。その人、遠藤啓介さんは、横浜・馬車道にある小さなビルを紹介してくれました。そのビルの2階、45平米のスペースをリノベーションし、オフィスにしてはどうかと言うのです。

カズの採用とヤスコの採用に引き続き、3度目の直感でした。ここしかない、と。しかし、キャスパーからのツッコミが待っていました。

「どうしてヨコハマなんだ？ キャットストリートじゃないのか？」

安いからです。カズとヤスコを繋ぎ止めたいからです。もちろんそんなことはキャスパーには言えません。確たる理由が必要です。

頭を超高速回転させた僕は、喋りながら考えることにしました。

「キャスパー、横浜を選んだのには深い理由があるのですよ……」

ないです。でも、今まさに考えています。

「日本が『ショーグン』の時代に鎖国をしていたことは知っていると思う。横浜とは、約200年間鎖国していた日本が、いち速く海外に向けて開いた港なのだ」

おっ、いいぞ。我ながら良い展開だ。キャスパーは黙って聞いています。なので、続けます。

「新しい物、新たな文化を日本に紹介した玄関口、それが横浜だ。そういう歴史を持っている場所なのだ。それから160年が経った今、Onという新しいブランド、『ランニングを楽しく』という新たな文化を日本に紹介するにあたって、横浜ほどふさわしい場所はない！」

「グッド！　ベリーグッド！」

深く感銘を受けたらしいキャスパーは、電話口でスタンディングオベーションをしていました。見てないけど。

「でも、商談でいちいち東京に行くのは大変じゃないか？」

確かにそれは一理あります。でも、ほぼ思い通りの展開になっていた僕に恐れるものはありません。虚実自在、武道家らしく本当の理由を織り交ぜながら畳み掛けます。

「意外と東京まで近いのですよ！　渋谷まで35分。取引先訪問に全く問題はない。そんなに近いのに、家賃は東京よりずっと安いのです！　良いでしょう？　そして、横浜はランニングするのにも最高なのです！　取引先を招待して一緒に走ったりして、新たなランニングカルチャーを提案するにもいい。どうです、良いでしょう？」

僕の口調が若干おかしいことはおいておいて、キャスパーは深く納得してくれました。カズ、ヤスコ、俺はやったぞ……！

ただ、これは口から出まかせというわけでもなかったのです。この横浜という地が、Onジャパンのカルチャー醸成にいかに大きな役割を果たしてくれることになったか。後日、僕は自分の幸運に感謝したのでした。みんなでランニングするには、横浜は最高の環境だったからです。

「キャスパー、キャットストリートは素晴らしい。いつか、そういうところにサテライトオフィスか、お店でもオープンできたらいいよね。それは将来の楽しみにとっておけたら……」

電話の最後、僕はそう言い添えました。まさか、それが現実になる日が来るとは。そのときの僕は、知る由もありませんでした。

忘れることのない初心

立ち上げメンバーの採用は完了しました。オフィスを作る目処も立ちました。でも、最後の大事なミッションが残っています。それは、取引先の心を繋ぎ止めることでした。

日本上陸以来お世話になってきた問屋や販売店には、Ｏｎジャパン立ち上げの旨は伝えていました。これからはＤＫＳＨジャパンではなく、Ｏｎジャパンが対応していく。僕はＤＫＳＨジャパンを退職し、Ｏｎジャパンに移籍する。日本にＯｎを根付かせるため、全力を尽くす。だから、引き続きお願いします、と。

この連絡は好意的に受け止めてもらえました。

「次の代理店がどこそこになる、と言われたら少し心配でしたが、日本法人ができるのであれば、

Ｏｎは本気だということですね。日本からの撤退がないということであれば、腰を据えて商売ができます」

そんなふうに言ってもらえたのです。

２０１５年3月6日、キャスパーと僕との連名で、取引先に向けて正式にレターを発信しました。僕はＤＫＳＨジャパンを辞め、セールス＆マーケティングディレクターになること。代表取締役は、キャスパーであること。取引先の皆さんと共に、これからも日本でＯｎを広める努力をすること。そんなことを書いたレターでした。

そして、２０１５年5月1日。横浜・馬車道の45平米の小さなオフィスで、Ｏｎジャパンは立ち上がりました。

本当に始まるのはこれからだ、と思いながらも僕は感無量でした。とうとう日本法人ができたのです。全力でＯｎを日本に展開できることになったのです。しかも、気持ちを同じくした仲間たちと共に。

最初のオーダーが、新しいシステムに届きました。2足でした。応援に来てくれていたＣＯＯのマークと、カズとヤスコと僕。4人でハイタッチして喜び合いました。クラウドサーファーとクラウドレーサーのサンプルを天井に放り投げたりして、大興奮でした。

このオーダーが入った瞬間を、僕は今でも忘れることができません。この1足が、誰かの手に届く。きっと、喜んでもらえる。その人のランニングが楽しくなる。その人のワクワク感を、具体的に想像しました。

あれから10年近くが経った今も、その思いは変わりません。あの頃と比べ、はるかに多くの数を販売するブランドになっても、大切なのはあの瞬間に胸に去来した想いだから。

喜んでもらうこと。楽しんでもらうこと。ワクワクしてもらうこと。一人ひとりの幸せを願い、魂に火を灯すこと。それが、Ｏｎジャパンの初心なのです。

販売スタッフ向けの勉強会を始める

コアなファンを作り、そこからまたファンを広げていく。簡単に言えば、それがＯｎジャパンで僕がやろうとしていたことでした。ＳＮＳをやるのも、ブース出展したりレースに出場したりするのも、そのための行動です。

ただ、当然のことながら、自分一人だけで「ファン作り」はできません。実際に販売してくれる取扱店舗のスタッフたちが、とても大切です。このことは、どれほど強調しても足りません。この販売スタッフたちにＯｎのファンになってもらえたら、それほど心強いことはありません。

そのために、この人たちにOnを知ってもらい、ファンになってもらう。そして、その先のファン作りの起点になってもらう。そんな環境を作り出したいと考えました。DKSHジャパン時代にもこのことは考えていたのですが、タイメックスの仕事を半分やりながら、一人でセールスもマーケティングもやらなければならなかったため、手が回らなかったというのが正直なところでした。

そこで、販売スタッフ向けの勉強会を、大切なセールス・マーケティング活動の一つとして位置付けることにしました。これは、Onジャパン立ち上げの頃から今に至るまで変わりません。

2015年のOnジャパン立ち上げ当時、約30の取扱店舗がありました。そのお店の開店前や休憩時間中、閉店後に時間をもらって、お話をさせてもらうことにしたのです。

当初はこれも簡単なことではありませんでし

2015年5月1日。最初のOnジャパンのオフィス。

した。

見るなり、「あ、これ売れなかったやつだ。どうしよう」という目で見られているのも分かりました。Ｏｎを知らない人、さほど興味のない人が圧倒的多数でしたし、勉強会の部屋でサンプルを

Ｏｎジャパン立ち上げ後、初めての勉強会。「お忙しいところ、ありがとうございます」という挨拶に始まり、僕はＯｎのプレゼンテーションをしました。ブランドの歴史、クラウドテックシステムの説明、各モデルの特徴……。しかし、手応えはありませんでした。ほぼ誰も聞いていないのです。

「どうせ勉強会をやるんだったら、もっと売れる商材でやってくれればいいのに。そんな誰も知らないブランドの、売りにくいシューズの勉強会をやってもらっても……」

そんな声が聞こえてきそうでした。プレゼンを終え、「何か質問ありますか？」と問いかけても、手は挙がりません。初めての勉強会は、こうして終わりました。カズが僕に言いました。

「駒田さん、あの雰囲気でプレゼン続けられるって心臓強いですね（笑）」

正直に言えば、スタッフの顔をまともに見られてはいませんでした。気後れしていました。でも、ファン作りが一朝一夕でいくわけがありません。コツコツやるだけだと思いました。

ようやくＯｎジャパンの人間として全力を尽くせるのです。幸せなことだし楽しいじゃないか、と思いました。

簡単に話は聞いてもらえない。それなら実験だ

このような勉強会は当初、週に3－4回行っていました。なかなかうまくいきませんでしたが、やがてコツのようなものを摑んでいくことになります。

チャンスがあれば、僕たちは積極的に店頭に出させてもらいました。販売スタッフの一人として、実際にお客さまと向き合うのです。そうすると、色々なことが分かってきました。

まず、皆さんはＯｎのロゴが読めない。普通、ローマ字は横に読みます。ところが、Ｏｎのロゴは縦書きです。ナイキやアシックスのロゴを読めないお客さんは皆無です。ただ、Ｏｎの場合、そもそもロゴを読めない人が大多数でした。

ロゴすら読めないブランドの話など、聞いてもらえるはずがありません。見たことも聞いたこともないブランドの話に興味を持ってくれる人など、それこそ東京マラソンEXPO 2013のときのように、10万人のうち20人程度のものです。いくらテクノロジーやシューズの特徴の話をしても、全く反応はありません。話した内容が、まさに右から左へとスーッと流れていくのが目に見えるようでした。

「はあ……ちょっと今、見てるだけなんで」

そんな言葉を残して、すぐにいなくなってしまう。何度この失敗を繰り返したことか。いきな

りＯｎの情報を伝えようとすればするほど、むしろ逆効果なのではないかと気付きました。

全くうまくいかないときは、アプローチをガラリと変えることです。もうヘタに喋らないようにしようと思いました。そもそも、僕がＯｎに興味を持ったのはどんなときだったか。履いて走ったときです。同じことをお客さんに試してみようと思いました。となれば、実験です。


お客さんがやってきます。そのお客さんに食いつくことなく、ニコニコしつつ、ゆったりした気持ちで待機します。ボーッとしながらニヤニヤしているだけに見えたかもしれませんが、別にいいのです。実験ですから。

お客さんがシューズコーナーにやって来ました。シューズを眺めながら、色々と手に取っていきます。Ｏｎに気が付きました。手に取って持ち上げています。少し驚いたような光が目の奥に見えました。

「面白い形ですよね」

そう話しかけてみます。すると、「そうですねぇ、初めて見ました」と返ってきました。

「見た目も面白いんですが、履くともっと面白いんですよ」

ここが運命の分かれ道です。このときに、「よろしければ履いてみませんか？」と言ってしまうと、「いいえ、見てるだけなんで」に逆戻り。

そうさせないためには、全く違うアプローチが必要なのです。僕が喋りすぎてはいけない。シューズに語らせる方がよほど良い。そのために、僕はこう言いました。

「足は何センチですか?」

「えっ? 26センチですけど……」

その瞬間、そのサンプルシューズをサッと差し出しました。いわゆる中心サイズは手元に用意しておいたのです。僕は試着用ベンチの側に跪《ひざまず》き、お客さんに向けてそのサンプルを捧げ持つようにします。

「どうぞ!」

「えっ、あっ、分かりました(笑)」

皆さん、優しいのです。ほとんどの場合、このような展開になりました。そして、一度履いてもらえさえすれば、Onの面白さは伝わります。そこには自信がありました。

そこから先の展開は、以前とはまるで違ったものになりました。興味を持ったお客さんから、色々聞いてくれるようになるのです。

「このブランド初めて見ましたけど、これ何て読むんですか? キユン?」

「Onで『オン』と読みます。走る楽しさのスイッチをオンにする意味と、『Run on clouds』のオンの意味があるんですよ」

この状態になると、僕の話は右から左にはなりませんでした。興味を持った人に話をすることは、話すこちら側としても楽しいものです。お互いに楽しんでいたなら、意気投合して盛り上がることも珍しくありません。

この状態になる前に、こちら側が話したいことばかり伝えようとすると、売り込まれている印象になります。そうすると抵抗感が生まれます。マーケティングされたくないのと同じように、人はセールスされたくないのです。興味を持った上で、納得して買いたいのです。

だから、「売り込みませんよ」という雰囲気を出しておくのが大事です。売りたいがために喋れば喋るほどダメだったのです。ただ履いてもらうことだけに集中すれば良かったのです。知識が活きるのは、お客さんが興味を持って質問してくれたとき。それまでは、シューズに語らせるだけで良い。

このことに気が付いてから、僕の接客は大きく変わりました。また、販売スタッフ向けの勉強会のスタイルも、全く違うものになっていきました。お客さんに話を聞いてもらえるようになった頃、販売スタッフにも話を聞いてもらえるようになったのでした。

後に、Ｏｎ取扱店舗の販売スタッフ出身のＯｎジャパン社員が、次々に誕生していくことになるのですが、それはもう少しだけ先の話です。

お客さんと一緒に走るランニングイベント

コアなファンを作り、そこからまたファンを広げていく。それがＯｎジャパンの基本戦略だったということは、先にお話ししました。販売スタッフを味方につけることは、そのための大切な要素です。

販売スタッフを味方につけたなら、一緒にイベントができるようになります。お客さんや販売スタッフと一緒に走るランニングイベントは絶対に必要だと思っていました。ランニングを楽しくしようという想いで生まれたブランドがＯｎです。だから、なるべく多くの人にＯｎで走る楽しさを体感してもらいたかったのです。

今その人がＯｎを履いているかどうかは関係ありません。イベントに来てくれたら必ず買ってもらおうとも考えませんでした。とにかく、サンプルシューズを履いてもらい、Ｏｎで走る楽しさを知ってもらうこと。みんなで一緒に走る楽しさを感じてもらうこと。それだけを意識しました。

あえてＫＰＩ的なことを言うのであれば、何足買ってもらったかではなく、何人が笑顔になってくれたか、何人が興味を持って履いてくれたか。それが大切だと考えていました。

いかにも泥臭いイベントだと思います。僕とカズで一緒に走るだけ。売れても売れなくても構わない。ただ、もし興味を持ってくれた人がいたなら、全力で接客しましたし、売ることに躊躇《ため》いはありませんでした。だって、僕たちが惚れ込んだシューズなのですから。

最初の頃、集客には少し苦労しました。しかし、定期的にコツコツ続けていくと、以前来てくれた人が家族や友達や同僚を連れて来てくれるようになり、少しずつ人が集まるようになっていったのです。

その人たちがＯｎを履いて笑顔になることが、何よりの楽しみでした。

参加してくれた全員をハイタッチで迎える

最初は５人だったイベントが、次には７人になり、その次は15人になる……。イベント規模は徐々に拡大していきました。

繰り返しになりますが、ランニングイベントで僕は売り込もうという意識をあえて脇によけていました。今もそうです。質問してもらえたら答えますし、欲しいと思ってくれた人には接客します。ただ、基本は一緒に走るだけ。

意識的にやっていた行動は、一つ。みんなと一緒に走っていても、最後だけはペースをグッと上げて走り、最初にフィニッシュすること。そして、フィニッシュ地点で振り向いて参加者全員をハイタッチで迎えること。

これをやると、まず僕自身の気持ちが高揚します。すると、参加してくださる方のテンションも上がる。仲間感が一気に醸成されるのです。

お互いに声をかけ合って走り、最後に「さあ、最後は行こうか！」と言って僕がペースを上げ、

「ナイスラン！」と言いながら一人ひとりとハイタッチする。イベントの最初は初対面同士でぎこちなかったとしても、走り終えたら笑みを浮かべてくれる人がたくさんいました。来て良かった、楽しかった、そう言ってもらうことが、この上ない喜びでした。

だから、イベントが終わって帰ってしまっても、一向に構わないのです。みんなで楽しい空間を共有するという、イベントの目的はもう達成できているのですから。ただ、イベントを楽しんでくれた人たちはそのまま帰ることなくお店にとどまり、Ｏｎの接客を受けてくれることが多かったのです。

こんなふうにＯｎを買ってくださる方が、少しずつ増えていきました。最初イベントに参加したときには別ブランドのシューズを履いていた人が、次にイベントに来たときはＯｎになっている。そういう光景を見ることが増えていきました。

「すごく楽しかったです。ハイタッチ、最高でした。また駒田さんや鎌田さんと走りたいと思っていたら、Ｏｎを買っちゃいました（笑）」

そう照れくさそうに言われる方がいました。そうなると、僕もますますテンションが上がります。ランニングはもっと楽しくなりました。

イベントに友達を連れてきてくれる人も増えていきました。「楽しかったので誘いました」と。

この段階になると、僕がＯｎを説明する必要すらなくなってくるのです。その人は友達に、いかにＯｎが良いかを一生懸命伝えてくれるからです。

このように、少しずつ、本当に少しずつではありましたが、Ｏｎを好きになってくれる人が増えていきました。販売スタッフと一般のお客さんから、Ｏｎは受け入れられ始めていました。僕はそうした人たちと、まるで友達のような感覚で接していました。

初めて宮古島トライアスロンを完走したあの晩に感じたことは、もう確信となっていました。お客さんでありながら、同時に友達のような関係性は作ることができる。一人ひとりに向き合って、一人ひとりにメッセージを届けることだってできるのだと。

この「お客さんのような友達のような関係性」の人たちを、僕は２０１６年の夏からこう呼び始めました。「OnFriends（オンフレンズ）」と。このOnFriendsは、それから今に至るまで日本におけるＯｎを支え続けてくれている仲間です。

ポップアップにやってきた年配の女性

OnFriendsは、ランニングイベントだけでなく、色々な場で広がっていきました。

今も忘れられないのが、Ｏｎジャパン立ち上げ初期に、半年に1回ほどのペースで博多阪急にポップアップ出店させてもらっていたときのことです。僕とカズが店頭に立っていると、年配の女性がいらっしゃいました。少し歩くのが辛そうです。

「歩きやすい靴が欲しいの」

そう言う女性に、僕は「クラウド」というモデルを提案しました。ゴム紐になっているのでしゃがんで靴紐を結ぶ必要がなく、スリッポンみたいにスッと履けるシューズでした。クッションもそれなりにあり、見た目はシンプルでクリーン。Ｏｎが世の中に少し広く知られるきっかけとなった1足です。

このクラウドであれば、玄関先で靴を履くのが億劫にならないと思ったのです。この方はきっとお出かけをしたいはずだ。それならまず、家を一歩出る気になりやすいシューズが良い。そう思いました。

「あら、そうね。これいいわね」

そう言って、女性はクラウドを買ってくださいました。


そして半年後、また博多阪急でポップアップ出店させてもらうタイミングが来ました。すると、その女性がまた来店されたのです。

「あなたが薦めてくれたこれね、すごくいいのよ。私、散歩がてら孫の家によく行けるようになったの。そうすると体力もついてきて、歩くのが楽しくなって、お友達と散歩するようになって。だって、歩きたくなったんだもの」

女性は、とても幸せそうでした。僕は、涙が出るほど嬉しかった。これもまた、人と人を繋いで笑顔を広めることでした。

自分が惚れ込んだものを人に提案して、その人が喜んでいる。孫に会えて、散歩が楽しくなったと言っている。少しかもしれないけれど、誰かの人生を前向きにするお手伝いができたのではないか。そう、こういうことがやりたかったのです。

しかも、その女性は翌日またお店に来てくれました。お孫さんと、娘さん夫婦を連れて。そして、こう言ったのです。

「これよ、私の靴。私の大好きな靴。この人が教えてくれたのよ」

娘さん夫婦は、ニコニコしながらその女性の話を聞いていました。そして、クラウドを夫婦で買ってくれました。残念だったのは、その当時はお孫さんのサイズのＯｎがなかったことです。羨ましそうに、ご両親の買い物を見ていました。

自分は良い仕事を選んだな、と思いました。この先に、きっと僕のやりたかったことが待っているに違いないとも思いました。だから、たとえ苦しいことが起きたとしても、その過程すら楽しめるはずだ、と。

このような嬉しい出来事が、日々起きつつありました。ただ、それでも僕たちがやっていたのは、全くのゼロから無名ブランドを広めるということです。やはり、そうそう簡単にはいきませんでした。

第6章
数字だけでは見えない世界

「0を1にする」ことの難しさ

Onは2013年に日本に上陸しました。東京マラソンEXPOや宮古島トライアスロンなどにブース出展しながら、限られたマーケティング予算で販売していったことは、すでにお話しした通りです。

翌2014年も同様の取り組みを継続し、2013年の2倍の販売数でした。そして、日本撤退の危機を乗り越えてOnジャパンが立ち上がった2015年は、さらに倍の数字が目標となりました。

マーケティング戦略の大枠は変わりませんでした。SNSやリアルのコミュニティを通じて、ファンを増やしていくことです。コアなファンを作り、そこからまたファンを広げていくことです。

2013年にOnを始めた当初は、もっと多くのマーケティング予算さえあればうまくいくのに……と思っていました。しかしこの頃には、潤沢なマーケティング予算はあるに越したことはないが、お金があったからといって必ずしもうまくいくわけではない、と考えていました。

僕たちOnジャパンが挑んでいたのは、巨大ブランドがひしめく世界です。その中で、世間の皆さんは新しいブランドを待ち望んでいたわけでもありません。そのような環境で、伝統的なマーケティング手法で入っていこうとしたところで、太刀打ちできるはずがないと思いつつありました。中途半端にお金を使って上からマーケティングメッセージを落とし込もうとしても、コミュニティの「殻」に弾かれてしまうだけだろうと。

それよりも、自らコミュニティの中に飛び込んで、メンバーと同じ目線で同じスポーツを楽しむことが大切なのだと思いました。そうすれば、発したメッセージは弾かれることなく、コミュニティ内で水平に広がっていくと確信しつつあったのです。

ランニングイベントを開催して一緒に走る。一緒に楽しみ、一緒に喜ぶ。極めて原始的なやり方かもしれませんが、それこそがスポーツブランドの原点。そのやり方でＯｎを知ってもらい、Ｏｎのファンになってもらうことが、遠回りに見えても最短距離なのだと考えました。

実はＯｎの３人の共同創業者も、当初は手売りから始めたと言っていました。チューリッヒマラソンに長机を持ち込んでロゴ入りのテーブルクロスを敷き、数少ないモデルを並べて、「どうぞ履いてみてください」と声をかけたのが始まりだったのです。

日本で僕がやろうとしたのも、同じようなことでした。日本各地のイベントやレースで出会った人たちとフェイスブックやインスタグラムで繋がり、Ｏｎのファンになってもらう。それを日々続けていきました。

まるで、目標レースに向け、地味なトレーニングを積み重ねる日々のようです。うまくいくときも、そうでないときもありました。そんなとき、自分は本当に目指す場所に向かっているのだろうかと不安に思わなかったわけではありません。「0を1にする」ことの難しさは、誰よりも身に染みて実感していました。

それでも、自ら行動して学んだことを信じ、仲間の力を信じました。2015年末、僕たちは2014年の倍という目標を達成します。

「ヒロキはクレイジー」……楽しさに魂を売った日本人

Onジャパンとしての初年度目標は、前年の倍。しかも、5月に立ち上がった会社ですから、動けるのは8ヶ月しかありません。簡単ではないと思いましたが、とことんやってみようと思いました。

そのために、やったことの一つに「通勤時間3秒化」がありました。

当時、僕の家はオフィスの隣にありました。Onジャパンのオフィスを作ってくれたカズの先輩、遠藤さんは、45平米のオフィススペースの隣に、もう一つ45平米の場所が余っていると教えてくれました。その場所を居住スペースとして改造してもらい、僕はそこに引っ越してきたのでした。

ちなみに、引っ越すとき、そこを僕の本籍地に変更しました。全てを清算し、その場所で生まれ変わるのだという想いがあったからです。

そんなわけで、僕の通勤時間は見事3秒となりました。家の玄関を左手で閉めながら、右手で職場のドアを開け、「おはよう」と入っていけるのです。当時の自分にとっては、まさに最高の環境でした。おかげで、事実上24時間仕事をすることができたのです。寝ているとき以外はずっと仕事をしていました。

昼間は販売スタッフ向けの勉強会をしたり、新規開拓のために商談をしたり、イベントを開催したりする。夕方オフィスに戻り、ヤスコに「ただいま」と告げてから事務処理。各取引先にメールしたり、次の新規開拓のために提案書を作ったり。

そうこうしていると、スイス本社が目覚める時間がやってきます。時差は8時間。日本のワーキングアワーが終わる夕方6時頃、スイスは朝10時です。日本時間の夜中にキャスパーから電話がかかってくることもしばしばでした。

「どう?」「順調です」のような軽い話もありますが、時には白熱した話にもなります。こちらはフラフラになっているのに、まだ向こうはエネルギーに満ち溢れている。当時、僕はよくカズやヤスコにこう言っていました。「やべぇ。スイスが本気を出してきた」と。

全てを懸ける、という言葉があります。僕はそれまでの人生で、全てを懸けたことはありませ

スイス本社にて、社員を前にプレゼン。

んでした。その前に逃げてきたからです。ただ、Ｏｎジャパン立ち上げ初期の僕は、まさに全てを懸けていました。そして、そうできるように自分の生活環境を整えていきました。

スイス本社に出張に行き、全社員の前でＯｎジャパン立ち上げについてプレゼンテーションしたことがあります。

「これがオフィスの写真です。ちなみに、この壁の向こうは僕の家です」

ドッと沸きました。

「うわぁ、クレイジーだ！」

「ヒロキ、どんな生活してるの!?」

そんな質問が出たときは、僕は「通勤時間3秒」の話をしたものです。社員たちが若干引いているのが分かりました。「なんでそこまでするんだ?」「それがジャパニーズ・サラリーマンなのか?」とざわついています。だから、僕はこう答えました。

「Ｏｎを日本に根付かせるため、俺は『楽しさ』に魂を売ったんだ！」

大きな拍手が湧き起こり、5人の役員は再びこう言いました。

「ヒロキ、やっぱりお前はサムライだ！」

Ｏｎが掲げる「楽しさ」のために全てを懸ける。僕は口だけでなく、実際にそう生きようとしていました。それが、あのとき問われた「お前は何がしたいんだよ」に対する、自分なりの答えでもありました。

おそらく、みんなにもそれを感じ取ってもらえたのだと思います。それ以降、他国のメンバーから随分と良くしてもらえるようになりました。普段会うことのできない地球の反対側にも仲間がいるのだと、とても心強く思ったものです。

トライアスロンだけで年10回

平日はそのように日本時間とスイス時間をまたいで働いていたわけですが、週末にもランニングイベントがありました。トライアスロンやトレイルランのレースにブース出展することも

宮古島トライアスロン2017、CEEPO田中社長と。

ありましたし、自分自身でレースにも出場していました。

2015年から2017年にかけて、トライアスロンだけで年間10レース近く出場した年もありました。4月の宮古島トライアスロンでシーズンが明け、それから各地のオリンピックディスタンスに出て、全国を飛び回る日々でした。ありがたいことに、Onジャパンのディレクターとして招待していただいた大会もありました。


走るのが苦手だったはずなのに、我ながら変われば変わるものです。冗談で「仕事でレースに出るんだから、俺はプロトライアスリートだな！」などと言っていたこともありました。ただし、最も遅いプロトライアスリートですが。

ブース出展だけして、レースに出る必要はなかったのではないかと思われるかもしれません。確かに、必要ではなかった。ただ、これこそがOnジャパンを他ブランドと差別化し、コミュニティに深く入り込めた理由だったのだと思います。

エイドのボランティアの方との交流。

同じ空気を、同じ苦しさを味わう。そして、同じ喜びを分かち合う。それができているかどうかで、全く印象は変わってきます。確かにそこまでレースに出る必要はなかったかもしれません。しかし、必要ないことをやるからこそ、このようなことを言われました。

「あのＯｎの人、前に宮古島にもいた」

「Ｏｎ履いてる人に話しかけまくってた」

「エイドステーションの人全員に声かけてたよ」

どんなにレースに出ても、ランニングが不得意なことは変わりません。もちろん苦しい。ハアハア言いながら、それでも声をかけ続けました。それがいつかＯｎの道を切り拓いてくれると信じて。

たった1人に届けばそれで良い

自らレースに出て、自社製品を使ってくれるユーザーに声をかける。ハイタッチして応援し合い、フィニッシュラインでハグをする。そんなことをするスポーツブランド関係者は、ほとんどいなかったと思います。少なくとも、超有名ブランドの社長にはお目にかかりませんでした。でも、僕はやろうと思いました。

それでシューズが売れるかどうかは分かりません。でも、誰かが見てくれていれば良かった。

たった1人にだけでも届けば良かったのです。その1人がOnを好きになってくれるかもしれない。そうすれば、その1人が起点になって「Onって知ってる？」と話を広げてくれるときが、いつか必ずくると信じていました。

そして、Onを履いている人は、別のOnを履いている人から声をかけられると喜ぶという「習性」も分かっていました。声をかけてくるのは、Onを日本で始めた「1人目のOnファン」です。それを伝えると、会話が盛り上がりました。

「声をかけてくれてありがとうございます」とよく言ってもらえました。でも、お礼を言いたいのは僕の方でした。そうした皆さんのおかげで、Onジャパンを立ち上げようと思えたのです。こうしてレースでハアハア苦しみながら、楽しませてもらえているのです。

こういう会話ができることが、とにかく楽しかった。Onのおかげで生き永らえたのだ、皆さんのおかげで今も楽しく生きていられるのだ、と身体で実感させてもらいました。

もしお金が潤沢にあって、伝統的なマーケティングプランが組めていたら、このことには気付けなかったかもしれません。気付けたとしても、実感には遠かったでしょう。結果論ではありますが、お金がなかったからこそ、そのことが分かったのです。

ただ、全く休みなしでこんな日々を過ごしていると、半年に一度くらいバーンアウト気味になることがありました。18時間くらい、こんこんと眠る。ほとんど何も食べずに。そして月曜日にちょっと元気になって、また隣のオフィスに向かう。

こんな働き方は誰にも勧められません。ですが、僕はそれをやっていました。僕のような凡人が0を1にするということは、並大抵ではないと知っていたからです。何より、自分自身で選んだ道を進むことが楽しかったからです。

約束のアイアンマン

2016年6月、僕にとって一生忘れられない出来事が起きました。あのアイアンマン・トライアスロンを完走したのです。

前年の2015年8月、僕はアイアンマン・ジャパン北海道に出場してDNFに終わっていました。180キロのバイクを制限時間ギリギリでクリアした直後、ランコース最初のエイドステーションで足切りにあいました。そこで回収バスに乗せられ、スタート会場に戻されました。

「アイアンマンは甘くないです」

レース後の反省会でカズから言ってもらったこの一言は、僕の心に残りました。翌年こそはアイアンマンになるため、カズや遠藤さんとトレーニングを開始しました。今でも思い出せるほど、「道志アタック」と銘打たれたこのトレーニングはキツかった。横浜のオフィスから山梨県道志村の山伏峠まで、往復約180キロを自転車で走るのです。

気温が高くなってくると、自転車で風を切って走っていたとしても、どんどん体力は消耗していきます。もう俺のことは捨て置いて先に行ってくれ、と言っても絶対に置いて行ってくれません。少し先のコンビニで氷を買って待ち構えていたりする。それを僕の頭からバシャッとかけてくれました。

しかも、いくつかの大きめな氷を僕のサイクルジャージの中に入れ、しかもその氷を鼠蹊部《そけいぶ》まで動かすのです。遠藤さん曰く、「そこを冷やすのが一番効く」ということでした。実際、確かにシャキッと復活しました。アイアンマンってとんでもないな、と改めて思いました。

次こそは完走するのだと誓いました。大抵の場合、僕は最初に負けるのです。でも、そこから逃げてはいけない。逃げても人生のどこかの地点で必ず追いつかれるからです。それは、これまでの人生で何度も体験してきたことでした。

翌2016年、諸事情によりアイアンマン・ジャパン北海道は開催されないことになりました。オリヴィエと約束をしたあの地でアイアンマンになりたかった僕としては、とても残念なニュースでした。

ただ、残念がってばかりもいられません。僕は、師匠となった遠藤さんとまどかと共に、オーストラリアのケアンズに向かいました。タイメックスの「アイアンマン8ラップ復刻版」と、Ｏｎのクラウドサーファーを身につけて。

アイアンマン・ケアンズのスタート直前、パーム・コーブのビーチで僕は思い出していました。タイメックスの仕事でハワイ島に行ったこと。お孫さんを肩車してフィニッシュラインを越えたあの人のこと。あのときは、これは自分には縁のない世界で、あの人たちは超人なのだと思っていました。

それから時は流れ、僕はＯｎに出会いました。「いつかＯｎを履いてアイアンマンになる」とオリヴィエと約束しました。「ヒロキならきっとできる」と言ってもらいました。

それらの出来事を、スイムスタート前に思い出していました。全ては繋がっている、と感じました。感動がじわりと胸の奥から迫り、涙が溢れそうになりました。まだ完走しているわけではないのに、まるで完走し終わったような感動を覚えていました。

「勝ったも同然！」……なぜか僕はそう確信し、憧れ続けたあのフィニッシュラインに向かってスタートしました。

３・８キロの水泳、１８０キロの自転車、それらをクリアした僕は、クラウドサーファーを履いて42・2キロのランに入りました。気持ちは充実していました。しかし、身体には痺れが出ていました。脱水症状です。

ラン最初のエイドステーションで、僕は座り込んでしまいました。スタッフの女性が話しかけてきます。

「あらあなた、どうしたの！　プレッツェルいる？」

脱水症状でプレッツェルは、正直キツいものがあります。これ以上水分を奪われてしまうわけにはいきません。

「プレッツェルはいいや……スポーツドリンクちょうだい」

「プレッツェルおいしいのに！　でもいいわ、ほらスポーツドリンク！」

それを一口飲んで、僕は思わず吐き出してしまいました。胃が受け付けないのです。仰向けにひっくり返ってしまいました。雨が降っていました。顔に雨が当たります。

すると、先程のスタッフの女性が呼んでくれたのか、お医者さんと看護師さんが上から僕をのぞき込みました。

「ここにいると身体が冷える。あちらの救急車においで」

僕はお言葉に甘えて、救急車の中に入りました。手足が痺れるのだと伝えると、看護師さんは僕に経口補水液のようなものをくれました。それを焦らずチビチビと飲みます。

「さて、ちょっと質問をしたい」

お医者さんがそう言いました。そして、こう聞いてきました。

「Do you wanna quit or give up?（やめたいか？　それとも諦めるか？）」

僕は即答しました。

「どっちもDNFってことじゃないか！　俺はやるぞ！　アイアンマンになるんだ!!」

すると、お医者さんはニヤリと笑って、「よし、意識はハッキリしているな」と言いました。どうやら、レースを続けて良いかどうかのテストに合格したようです。

僕はそのまま45分救急車の中で横になり、手足の痺れが収まったことを確認して外に出ました。雨は止んでいました。

「あらあなた、大丈夫みたいね！　プレッツェルいる？」

さっきの女性が笑いながら同じことを言ってきました。一口だけプレッツェルを齧り、「また戻ってくるから、そのときもプレッツェルをくれ」と言い残して、僕は走り始めました。後ろから喚声が聞こえてきました。

アイアンマン・ケアンズのランは、1周14㎞を3周するコースです。1周ごとに確実にダメージが積み重なるのが分かりました。最初の1周は走れましたが、2周目からはまともに走れません。

まどかのプレート。

それでも僕を鼓舞し、前に進めてくれたのは沿道の喚声であり、まどかの応援でした。彼女が掲げていた応援プレートには、「Hiroki Komada. You're an Ironman!」と書かれていました。

アイアンマン・トライアスロンのフィニッシュラインを越えた瞬間、全てのトライアスリートは「You're an Ironman!」と呼びかけられます。それがアイアンマンの称号を得る瞬間であり、全てのトライアスリートが待ち望む瞬間です。

僕はまだランコース2周目。フィニッシュラインには辿り着いていません。でも、まどかのプレートには「You're an Ironman!」と書いてあります。これはアイアンマンコールの前借り、勝利の前借りだと思いました。レース直前に感じた「勝ったも同然」状態を、ここでもまた味わうことになりました。力が湧いてくるのが分かりました。

最後の1周に入り、僕はプレッツェルを齧りながら進みました。もうほとんど走ることはできません。応援してくれる人、ボランティアスタッフ、一人ひとりにお礼を言いながら歩きます。

スポットライトの光が見えてきました。あと少し。あとほんの少しで、あのアイアンマンになれる。レッドカーペットに差しかかり、向こうにフィニッシュゲートが見えました。その瞬間、僕は弾かれるように駆け出しました。

とっくにフィニッシュしていた遠藤さんが見えます。拍手してくれる観客がいます。僕は全力で走りました。

そして、両腕を天に突き上げ、大きく叫んだのだと思います。ただ、自分の声は聞こえませんでした。それ以上に大きく心に響く声を聞いたからでした。

「ヒロキ・コマダ！　ユー・アー・アン・アイアンマン‼」

全ては繋がっていました。人生が一周したような気持ちになりました。

こうして僕は、アイアンマンになりました。約束のアイアンマンに。

Ｏｎと共に。

アイアンマンになった瞬間。

「ハマのダンディズムナイト」で仲間が増えてゆく

僕がアイアンマン・ケアンズを完走した2016年、Onジャパンは2015年対比で3倍の販売実績を達成しました。1日数十足、数百足のオーダーも珍しくなくなってきました。2015年5月1日、2足のオーダーで仲間たちとハイタッチした初日を思えば、まるで夢のようです。セールスとしてのカズはひとり立ちし、商談にイベントに活躍してくれていました。オフィスでは、日々増えていくオーダーや問い合わせにヤスコが対応してくれていました。毎日がお祭りのような騒がしさでした。

販売数が増えていくに従い、少しずつ人材採用を進めていくようになったのも、この頃のことです。

当時のOnの合言葉に「Be Different（違う存在であろう）」というものがありました。商品デザインも、営業スタイルも、マーケティング手法も、全て他と少し違ったことをやろうというのが、Onの基本姿勢でした。だから、採用も他とは違う方法でやりたいと思っていました。Onジャパンらしい採用方法はなんだろうと考えていたのです。

ちょうどその頃、「日本仕事百貨」という、ちょっと変わった求人サイトに出会いました。色々な生き方や働き方に出会える場「しごとバー」や、焚き火を囲む合同企業説明会「かこむ仕事百貨」など、ユニークな活動をしている求人サイトです。その運営会社の社長・中村健太さんは、カズや遠藤さんの友人でした。またもや、人と人の繋がりです。ここと一緒なら、採用活動も楽しくできる。そう直感しました。

そこで、中村さんに連絡を取り、Onジャパンの採用イベントを一緒にやってほしいとお願いしたのです。僕がイメージしたのは、Onジャパンがいつもやっているランニングイベントと、日本仕事百貨の名物企画「しごとバー」の融合。求職者と一緒に走り、飲みながらOnのことや仕事のことをお話しする。僕たちOnジャパン社員はバーテンダーです。求職者は何でも自由に質問ができる。そんなイベントにしたいと思いました。

「というわけで、そんなイベントをやろうと思うんだけどね」

僕は、カズとヤスコに相談しました。

「イベント名は何にしようか?」

すると、ヤスコがこう断言しました。「『ハマのダンディズムナイト』にしましょう」

この本の最後、著者プロフィールを読んでくれた方はいるでしょうか? この場を借りて、もう一度名乗りたいと思います。私、「ハマのダンディズム」と申します。どうぞよろしく。

……自分でふざけてそう名乗る分には問題ないのですが、ヤスコの口から「ハマのダンディズム」と言われると、大層恥ずかしいということが分かりました。それでも、「Be Different」なイベント名であることに間違いはありません。ヤスコから中村さんに、「イベント名は『ハマのダンディズムナイト』にさせてください」と連絡を入れてもらいました。僕の口からそんなことは言えなかったからです。

参加希望者には、ランニングウェアを持ってきてほしいと伝えました。ランニングシューズはお貸しします、とも。この時点で皆さんには少し驚かれたようでした。ただ、僕からすれば驚かれることが不思議でした。なぜなら、ランニングカンパニーに入るなら、やはり入り口はランニングが良いだろうと思うからです。ただ、スポーツ関連の会社に勤めている人で、実際にそのスポーツに親しんでいる人はそれほど多くない、ということを知りました。

不思議なことです。ブランドや商品を理解するにも、お客さんのコミュニティに飛び込むためにも、そのスポーツはやった方が良いことに間違いありません。ランニングが嫌いだった僕がこんなことを言うようになるとは、我ながら不思議なのですが。

ともかく、僕たちは求職者たちと一緒に走り、銭湯に入り、飲みながら語り合いました。ちなみに、ノンアルコールでももちろんＯＫです。一緒に走り、お風呂に入った僕たちは、その時点でかなり打ち解けていました。お互いに色々な話をしました。仕事のことだけでなく、人生の話もしました。

社員とOnロゴの人文字を作る。

僕が話すときに意識したのは、ありのままにオープンにすることでした。例えば、こんな会話がありました。

「10年後のOnジャパンはどうなっていますか？」

「分かりません（笑）」

質問してくれた人はポカンとしています。「この会社、大丈夫なの？」と思っているのがありありと伝わってきます。だから、もう少し説明します。ビールを飲みながら。

「僕は、ほんの5年前には全く違う仕事をしていました。自分がまさかランニングに関わるなんて、夢にも思っていませんでした。自分がまさか離婚することになるなんて、5年前には想像もできませんでした。そんな僕が、『10年後はこうなっています』なんて語れません。『こうありたい』イメージはあります。一番楽しくて、ファンに一番愛されるブランドです。でも、その道筋はまだ分かりません。それを一緒に考えてくれる人を探しています」

僕のメッセージはそこにありました。「何が好きか」「何がしたいか」「どうありたいか」……そのイメージだけは強く持っていてほしい、と。それを持っていれば、いつか辿り着けるはずだから、と。僕自身がそう思いながら生きてきたからです。

採用にあたって、能力やスキルは大事です。でも、僕はそれ以上に、その人の人柄や人生観や世界観を見ていました。なぜなら、それこそが企業文化を形作るものだと思っていたからです。

結果として、この「ハマのダンディズムナイト」では良い出会いがありました。その縁で営業担当者を2名採用することができ、それ以来親しく付き合うようになった友人もできたのです。

もっと自由に、楽しく走れる世界へ

2018年から、Onジャパンは新たなパートナーと共に、新しいイベントに取り組むことになりました。そのパートナーの名は、「Runtrip（ラントリップ）」。

「もっと自由に、楽しく走れる世界へ」をブランドミッションに掲げるこの会社は、「ランニングを楽しく」を掲げて生まれたOnと近い世界観を持っています。

そして、「Runtrip は独自のイベントフォーマットを持っていました。それが、「Runtrip via（ラントリップ・ヴィア）」です。Runtrip via とは、同じ時間、同じ場所にゴールすることを目的としたランニングイベント。好きなところからスタートし、好きな道を、好きなペースでランニングして、ゴール会場を目指します。もちろん歩いてもOK。ゴール会場には、素敵なご褒美が待っています。

2018年8月、このイベントをOnジャパンと共同で大々的に開催しようということになりました。題して、「Runtrip via YOKOHAMA!」。ゴール地点は、横浜・みなとみらいにある「MARINE & WALK YOKOHAMA（マリンアンドウォークヨコハマ）」。走り終えたら、地元横浜のクラフトビールで乾杯するのです。

当日は、午前0時からイベントが始まります。その日のゴール時間は、18時30分。極端な話、18時間30分走り続けてもいいのです。実際、100キロ走って横浜に来た人もいました。

Runtrip via On JAPAN TOUR 2019 ～ TOKYO ～。

また、走らなくても構いません。疲れたら途中で電車に乗ってもタクシーに乗ってもいい。それを僕たちは「ワープ」と表現していました。大阪から新幹線で品川まで来て、品川から横浜まで約30キロを走った、という人もいました。途中でカフェに入って休んでもいい。1人で走って会場に来てもいいし、友達と一緒に走ってもいい。

参加者は200名ほど。参加者は専用アプリをスマホに入れるのですが、そうすると自分のランニングコースがGPSでトラッキングできます。ゴールした会場には大型スクリーンを掲げていて、そこで2時間ほどアフターパーティーを楽しみます。参加者がどんなルートで横浜に来たのか、スクリーンで観る時間を作りました。

日本地図が表示され、全国各地から横浜に人が集まってくる様子が、光の線で表現されます。大阪から一直線に東京に向かう光の線が表示されたりすると、僕とRuntripの大森英一郎代表で、「このワープしている人は誰ですか〜?」などと呼びかけ、手を挙げてもらったりします。面白いルートを辿っている人にステージに上がって来てもらって、インタビューしたりもしました。

ランニングは個人スポーツのイメージが強いですが、こんな楽しみもあるのだなと思いました。みんなで走りを共有できるのです。かつての僕にとってのランニングは、苦行もしくは罰でした。このイベントはそれとは真逆でした。僕が嫌っていたランニングとは、まさに真逆のランニングを提案していました。みんながそれぞれの形でランニングを楽しみ、ゴールしたら「ナイスラン！」と声をかけ合って、おいしいビールで乾杯。そんな世界があったのだと、みんなの様子を眺めながら喜びを噛み締めました。

このイベントは、翌2019年に「Runtrip via On JAPAN TOUR 2019」と名を変え、スケールアップしました。東京を皮切りに、神戸・福岡・札幌・名古屋・白馬、そして横浜の7都市を1年かけて巡るのです。

白馬のマウンテンハーバーで夕日を眺めながら、全国から集まってきた100人の皆さんと乾杯して飲んだビールの味は忘れられません。

Runtrip via On JAPAN TOUR 2019 〜 SAPPORO 〜。

日本全国のOnFriendsたちに会いに行くこのイベントは、僕の心に深く刻み込まれることになります。「人と人を繋げ、笑顔を広める」という僕の個人的なミッションがより明確になったきっかけは、間違いなくこのツアーでした。

4年後、それは「Meet OnFriends Tour

忘れられないビールの味。

Runtrip via On JAPAN TOUR 2019 〜 HAKUBA 〜。

2023」という具体的な形を取ることになるのですが、その話はこの本の最後でさせていただこうと思います。

数字だけでは見えてこない世界がある

Runtrip via On JAPAN TOUR 2019を終えてから、スイス本社のある人からこう問われました。

「そのイベントには何人集まったの？」

「そのイベントにOnを履いてきた人は何人？」

「そのイベントでは何足販売できたの？」

僕は、2014年9月のDKSH時代の上司との会話を思い出していました。あのとき、彼はこう言っていました。

「フェイスブックで100人と繋がったからって、それが何なの？　その中の何人が『いいね！』して、何人が買うわけ？」

「いつか1000人と繋がったとしたって、それが何なの？　そのうちの何パーセントが買うの？」

あのとき、僕は明確な言葉を持っていませんでした。だから、黙り込んでしまった。ただ、今はそんなことはありません。

イベントで何人集まったか。そのうち、何人が買ったのか。そう問うのは当然のことかもしれません。普通は、それでしかイベントの効果を測れないからです。

通常のランニングイベントで集まるのは、数人から多くて30人。Runtrip via でも100人から200人。Onを試して走れる場は用意していましたが、僕はそこで積極的に販売しようとは考えていませんでした。だから、イベント参加者のその場での購入率は、限りなく0パーセントに近い数字でした。

既存のマーケティングの効果測定方法から見れば、大失敗と言われかねない結果だったのかもしれません。しかし、僕は確信していました。楽しんでもらえさえすれば、Onはその人の心の中に入っていくのです。心に残っていれば、いつか思い出してもらえる。そうしたらいつか買ってもらえるだろうし、周囲の人に薦めてもらえるかもしれない。

僕がやろうとしていたことは、200人集めて100人に売り、「コンバージョン率50パーセントです！　大成功！」と上司にアピールすることではありませんでした。200人のうち、たった1人でも一生のファンになってもらうこと。その1人が、その先の人生で出会う人たちに、僕たちと一緒に楽しんだ思い出を語ってくれること。

「こんなに費用をかける意味はあるの？　これをやることで、何足売れるの？　どうして、Onを履いている人だけを対象にしたイベントにしないの？」

その問いに対する答えも明確でした。僕は、基本的にイベントでそのようなドレスコードを設けようとは考えていませんでした。Onを履いている人に絞ってしまうと、Onを履いていない人がOnの世界観に触れることができなくなるからです。

今、Onでなくても、他のブランドのシューズを履いていても全く構わない。そんなことにこだわるより、「Onって楽しいな」と思ってくれた方がずっと良い。そうすれば、次にOnを履いて来てくれる人は増えています。友達を連れて来てくれます。「On、楽しいから履いてみなよ」と勧めてくれる。

それが実際に起きていることを、僕は現場で見てきました。だからこそ、確信を持って語れるようになっていました。問題は、その確信を技術的にトラッキングできないことでした。Onを好きになってくれた人が、いつ、どこで、どのようにOnを語ってくれているのか定量的に調べる術はありません。だから、僕の確信をデータで示すことはできませんでした。

でも、良いではないですか。数字だけでこの世界を語り尽くすなど、もとよりできるはずがないのですから。僕たちが向き合っているのは、人の「楽しい」なのです。数字だけでは見えてこない世界がある。結果は後からついてくる。

そう未来を信じて、楽しみながら進むだけなのです。

仕事と遊びの境目がなくなっていった

僕は、仕事と遊びを区別していませんでした。僕がやっているのは仕事なのか。それとも、楽しくてやっている遊びなのか。その境目は限りなく曖昧になっていきました。

僕のインスタグラム（@hirokikomada）を知っている人は、僕が全国を旅して、走ったりビールを飲んだり、みんなでワイワイやったり、レースに出ていたり、そのような姿ばかり見ていると思います。この人は仕事をしているのか、と思っている人も多いかもしれません。そのように聞かれたことも何度もありました。

もちろん、そうした姿は言ってみれば氷山の一角です。その背後には、膨大な事務処理やプレゼンの資料作り、データ処理や戦略策定、インタビューの対応など、やるべき仕事は膨大にありました。いくら時間があっても足りないほどでした。

かつての僕であれば、きっと眉間にシワを寄せて「頑張っています」と会社や上司や世間にアピールしていたことでしょう。そういう人が評価されがちな世の中であることを知っていましたし、たとえ結果が出ていなくても、「彼は夜遅くまで頑張っているから」と許されると思っていました。

でも、本当はそんなことがしたいわけではありませんでした。できれば、笑いながら、楽しみながら、遊んでいるように仕事がしたかった。そして結果を出してみたかった。そういう世界にしたかったのです。

ファンとの絆はかけがえのない宝物。

それなのに、あの頃の僕は「こうあるべき」「これが正しい」「常識はこうなんだ」と思い込み、自分を凝り固めていました。それを打ち砕いたのが、先輩の「お前は何がしたいんだよ」の問いかけであり、Ｏｎとの出会いでした。自分がやりたかったのは、こういう働き方だったのだと分かっていったのです。

自分が真っ先に楽しんで、それによって人にも楽しんでもらう。楽しんでもらい、応援し合い、笑顔や感動が広まっていく世界を目指す。人と人を繋げ、笑顔を広める。それが僕の人生の目標であり、目的になったのでした。果てしない夢になったのです。

その手段の一つが、僕にとってはＯｎの仕事でした。Ｏｎのシューズやアパレルを好きになってもらい、躊躇うことなく販売する。同じ価値観を持った仲間を作る。その人たちが、また次の人たちに伝えていく。

Ｏｎのおかげで走ることが楽しくなった。そういう人を増やしていく。ハッピーな人を増やしていく。それが自分の役割なのだと思うようになりました。

そのためには、自分が真っ先に楽しみたい、感動したいと思うようになっていったのです。

小さく死んだので、戻ってこられた

２０１２年９月、鎌倉のマンションにやってきた先輩が放った言葉。

「お前は何がしたいんだよ」

それは、僕にとって人生を変える一言でした。その問いかけがあって、僕は考えに考え、離婚を決意するに至りました。

それからも僕は折に触れ、自問自答してきました。そして「何がしたいんだ」の先に、「どうありたいのか」があることに気付きました。どんな自分でありたいのか。自分の周りにどのような世界を作りたいのか。


離婚は、想像を超える傷を自分自身に与えることになりました。家族がいなくなったという喪失感。大きな金銭的な負担。そんな中、僕の心の支えになったのは、日本に初めてやってきたOnというブランドの存在でした。

このOnという不思議なブランド、ランニングを楽しくしてくれるシューズを、多くの人に知ってもらいたかった。そのために、僕は自らランニングを始めました。トライアスリートにもなりました。それは、とても楽しい経験でした。


少しずつ、コミュニティの人たちが僕を受け入れてくれました。応援してくれました。支えてくれました。トレーニングの投稿に反応してくれ、事故を本気で心配してくれました。嬉しかった。そして、人と人を繋げて笑顔にするという、僕が本当にやりたかったことに気付くことができたのです。

ところが、そこにやってきたのは、突然のOnの撤退話でした。これで全て失ってしまうと思い込み、駅のホームからフラフラと落ちかけました。

Ｏｎジャパン立ち上げ期に、僕のフェイスブックの投稿をシェアしてくれたことで久しぶりに会い、後に再婚することになるまどかは、そのときの体験を話すとこう言いました。

「博紀は、ちっちゃく死んだんだね」

なるほど、と僕は思いました。確かにあのとき、僕は小さく死んだのだと思います。でも、戻ってくることができました。だから、生まれ変わろうと思えた。

僕のそれまでの生活や仕事について、彼女はこうも言いました。

「博紀のもともとのありたい姿から、遠ざかっていたんじゃないかな。ありたい姿から遠ざかれば遠ざかるほど、人は苦しむんじゃないかと思う」

心に響きました。どうしてかつての僕は楽しくなかったのか。それは、ありたい自分から遠ざかっていたからです。しかも、それを自分から遠ざけようとしていた。「こうあらねばならない」という勝手な思い込みから。

小さく死ぬ前なら、聞く耳を持たなかったと思います。何をスピリチュアルみたいなことを言っているんだと鼻で笑ったと思います。実際、結婚前のまどかとは何度も激しい言い合いをしたものです。

でも、小さく死んだから気付けたのです。そうでなければ、いつか本当にホームから転がり落ちて、死んでしまっていたと思います。そうなる前に小さく死んだから、僕はありたい自分に戻ってくることができたのです。

日々、良いことを探すという生き方

苦しんでいる人を見かけると、「お前もこっちに来いよ。苦しいけど、頑張るしかないんだよ」と仲間に引っ張り入れる。逆に、楽しそうな人や成功した人を見かけると、「あいつ、何かずるいことをしているに違いない」と嫉妬しあざ笑う。

かつての僕は、そんな人間でした。大人になるというのはそういうものだと、半ば思い込んでいましたし、諦めていました。それを正当化するため、「べき論」に逃げました。

そんな僕の前に現れたのがＯｎであり、Ｏｎの共同創業者たちでした。彼らは違っていました。彼らは毎日、空を見上げて「今日もいい日だな」と言うのです。雲が出ていても。

「雲は多いけど、俺たちのブランドはクラウドだからな（笑）」

雲一つなく晴れていたら、こう言います。

「美しい青だな」

彼らは大真面目に、日々、何か良いことを探していたのです。「今日もごはんがうまい」「今日も気持ち良いランだった」「今日もビールがうまい」……。小さな日常の喜びを見出そうとしていたのです。僕もそうしたいと思いました。

かつてビールは僕にとって、会社や上司の愚痴を言うために、同僚と居酒屋でとりあえず頼む飲み物でした。しかし、そういう飲み会には行かなくなり、1人で走り、1人で飲むランニング後のビールが、たまらなくおいしいことに気付きました。

新しい人生に一歩踏み出そうとしたとき、僕は何がしたいのか分かりませんでした。何が好きなのかもよく分かりませんでした。でも、何が嫌いなのか、嫌いな自分は何なのかは分かりました。

会社や上司の愚痴を言いながら酔っぱらい、次の日に二日酔いで会社に行く自分。本当は自信がないのに、わずかな仕事の実績を盾に人に対して強く出る自分。そういうカッコ悪い自分に本当は気付いていました。だけど、あの頃は直視できませんでした。

僕は、嫌いなものを一つひとつ手放していこうと思いました。やってみて分かったのは、嫌いなものを手放していくと、好きなものが少しずつ見つかっていくということでした。

好きだと思うこと、楽しいと思うことを見逃さないようにしました。意識すると、そうした物事は日常に転がっていました。一つひとつは小さいけれど、その輝きは確かにそこにあったのです。それを無視せずに拾い上げ、大切にするように生きてみたら、自分がどうしたいのかが少しずつ見えてきました。前向きに生きられるようになりました。

より良い自分を作っていこう、と思いました。もうあの頃の自分には戻らない。その結果、周りの人たちが楽しんで、幸せになってくれたら最高だな、と。

そのことを、Ｏｎは僕に教えてくれたのです。

第7章

人と人を繋げ、笑顔を広める

サバイバル期、再構築期、そして飛躍期

Ｏｎジャパンを立ち上げた２０１５年から２０２３年までの8年間を、僕は大きく3つに分けて捉えています。このように捉え始めたのは、２０１９年のことでした。

２０１５年から２０１８年までのサバイバル期。

２０１９年から２０２０年までの再構築期。

そして、２０２１年から２０２３年までの飛躍期。

最初は、Ｏｎジャパン立ち上げの２０１５年5月から、２０１８年12月までのサバイバル期でした。日本撤退の危機を越えてようやく産声を上げたＯｎジャパンを、僕は絶対に潰すまいと心に誓いました。また、仲間に加わってくれたカズとヤスコを路頭に迷わすことだけはすまいと考えました。

だから、日々営業活動に勤しみました。真っ先に考えたことは、Ｏｎ取扱店舗の数を増やすこと。その結果、２０１６年には取扱店舗の数は２０１５年の3倍に増え、売上実績も3倍となりました。営業活動のかたわら、販売スタッフ向けの勉強会やランニングイベントの開催、レースイベントへの出展やレース出場も行っていたことはお伝えした通りです。

それに伴い、2017年、2018年と販売足数も急速に伸びていきました。スイス本社に行くと「日出ずる国」などと持ち上げてもらったりして、良い気分を味わうこともありました。

実はこの大きな伸びに落とし穴があったことを知るのは、2019年の再構築期からのことです。

カスタマーでも、ファミリーでもない

Onジャパンのマーケティングにおいて、最も重要だったと言っても過言ではないのがOnのファンの存在です。その人たちのおかげでブランドが少しずつ広まっていき、Onは世の中に知られる存在になっていきました。

これは他のどのブランドにも見ることができない、Onならではの強みでした。ただ、Onジャパン立ち上げ当初は、それは僕の中だけにある、ふんわりとした概念でしかありませんでした。

この概念に名前を付ければ、もっと多くの人に伝わるだろう。僕はそのように考え始めました。どんな名前が良いのかと考えました。「OnCustomer」ではない、と思いました。そうかと言って、「OnFamily」でもないと思いました。

単に「カスタマー」と呼ぶのは論外でした。あの人たちは、明らかにただのお客さんとは違います。もっと近く、深い何かです。ただ、そうかと言って、「ファミリー」という言葉を使うことにも抵抗感がありました。それは、僕の個人的な経験が影響していました。僕は、ファミリー

作りに一度失敗した人間です。感謝や初心を忘れ、馴れ合ってしまった結果、僕は家族を失いました。だからこそ、「OnFamily」という名前を使う資格が僕にはないと思ったのです。

それでは何なのか。確かに、お客さんではある。でも、同時に友達のような人たち。それなら、「OnFriends」が一番しっくりくると思いました。普段は遠くにいても、たまに会うときには一緒に楽しく走って飲んで、「じゃあ、またね！」と別れてゆく。その後もフェイスブックやインスタグラムで、お互いの近況を報告し合える。少し大変なときでも、仲間の楽しそうな姿を見て、笑顔に戻って日常を頑張れる。そんな関係性が僕にとってはちょうど良く、心地よく思えました。

こうして、OnFriendsという言葉を使うようになったのでした。２０１６年夏のことです。

OnFriends コミュニティの始まり

OnFriendsという言葉を作った僕は、皆さんに「#OnFriendsとハッシュタグをつけてSNSに投稿してみてください」と伝えました。

１人で走っていても、そのハッシュタグを辿って見つけてくれる人がいるかもしれない。繋がることができれば、いつか一緒に走れるようになるかもしれない。その繋がりが増えていけば、人生が少しだけ楽しくなるかもしれない。そんな思いを込めました。こうして、ハッシュタグのついた投稿が増えていきました。

2016年から2017年にかけて、僕の頭の中にだけあった概念を、具体的な形にしようと考えました。毎日のSNS投稿に「#OnFriends」と付けました。SNSで、あるいはイベントで、「ハッシュタグつけてみて」と呼びかけました。こうして、SNS上でふんわりとしたコミュニティが徐々に形作られるようになっていきました。

2017年になり、僕は次のことを考えました。実際にOnFriendsに会いに行き、一緒に走ろうと思ったのです。そのイベント名は、「Meet OnFriends Tour」にしました。

その年の夏、翌年以降のビジネスプランをスイス本社の役員たちに説明する席で、僕はこのツアーの趣旨を説明しました。そのツアーのために必要なのは、Onのロゴの入った社用車でした。これを購入する予算をつけてほしいとお願いしたのです。

お金が潤沢にあるわけではないのは知っています。中古のバンでも買えたらいいな、くらいに思っていました。ツアーの説明を終えると、車好きの役員の一人がこう言いました。

「中古のバンはダメだ」

そうか、ダメか……一瞬ガッカリしたのですが、次の瞬間、彼は自分のパソコンのモニターをくるりと僕の方に向けたのです。

「どうせやるならこれだ」

そこに映っていたのは、メルセデスベンツのVクラスでした。仰天です。

「これでは不満か？」

彼がニヤリとしながら聞いてきます。

「俺もそれが良いと思っていた」

こうして、ツアーに使う社用車が決まったのでした。ちなみに、この車はキャスパーが「クラウドモビール」と名付けました。


後に、このMeet OnFriends Tourは、ランニングで日本中を繋ぐという壮大なイベントになります。しかし、２０１８年に行った最初のツアーは、都市と都市を車で繋いでいくというものでした。

横浜のオフィスからスタートし、１ヶ月かけて宮古島まで車で走りました。道中で、何度かランニングイベントをやりました。「○月○日に箱根に行きます」などのように投稿したものの、僕たちにはまだ力が足りませんでした。取

Meet OnFriends Tour 2018、最終目的地の宮古島。

扱店の力を借りずにやったこともあり、正直人はあまり集まりませんでした。

しかし、最終目的地の宮古島では、数十人の方が集まり、一緒に記念写真を撮ってくれたのでした。

このようにして、OnFriendsコミュニティは始まりました。同時に、ハッシュタグのついた投稿が増えていきました。２０２３年11月現在、「#OnFriends」で検索すると、７万件以上の投稿が出てきます。

ロジャー・フェデラーがＯｎの社員に

２０１９年11月、Ｏｎがテレビに大々的に登場しました。朝の情報番組で、Ｏｎのロゴが大きく映し出されたのです。Ｏｎ自体が取り上げられたというよりは、とんでもない人がＯｎの社員になることが発表されたのです。

その少し前、グローバルミーティングのためにスイスに行ったとき、僕は小さな部屋に呼び出されました。珍しく、物々しい雰囲気です。一部の社員だけが集められており、役員の一人が口を開きました。

「今から言うことは誰にも言ってはいけない。家族にも言ってはダメだ」

そして、おもむろに出されたのが、ＮＤＡでした。いわゆる秘密保持契約の書類です。そこにサインをしろと言うのです。

「ここにサインしてくれたら、話す。サインしない者は、この部屋を出るように」

何を大袈裟な、と思いつつも、僕は漢字で「駒田博紀」と書きました。その部屋にいた人は全員サインしていました。

「よし……。みんな、ロジャー・フェデラーは知っているな」

その場の全員が知っていました。世界で最も有名にして、史上最高のテニスプレーヤー。日本人でも知っている人は多い。スイスではもはや生ける伝説です。そして、衝撃の発表が行われました。

「ロジャーが、Ｏｎに入社することになった」

これには驚きました。

「近々、記者会見をニューヨークでやる。各国でも、そのプレスリリースを出してくれ。ただし、誰にも知られないようにやってほしい」

社員にも知られないようにプレスリリースを打つって……と思い、僕は質問しました。

「誰にも知られないように広報をする？　ＰＲ会社には伝えて良いのか？」

「構わない。ただ、NDAにサインしてもらうように」

Onの歴史上初となると言ってもいい、大きな出来事でした。ニューヨークの記者会見まで2週間。その間、僕は秘密裏にプレスリリースを書き、PR会社と打ち合わせをしました。日本のメディアをニューヨークに連れて行ってもらい、雑誌「Forbes JAPAN」の表紙にもなりました。そして、テレビにも取り上げられたのです。

この出来事の後、ロジャー自身が開発に関わる新コレクション、その名も「THE ROGER」が発売されることになりました。そして、ロジャーはスポーツマーケティングや企業文化醸成の分野でも力を貸してくれることになったのです。

サバイバル期から、再構築期へ

Onは順調に成長を遂げていきました。2013年の日本上陸初年度と比較すると、自分でも信じがたいスピードの成長でした。

おかげさまでOn取扱店舗数も増え、売れるようになっていると思っていました。しかし、ここに落とし穴がありました。Onジャパンから問屋、あるいはお店への数字だけを見て売れていると思っていたのです。いわゆる「セルイン」の数字でした。これは、お店から実際のユーザーへの販売数である「セルアウト」とはまた別の話です。

もちろん、よくセルアウトしているお店はありました。販売スタッフへの勉強会は継続していましたし、モチベーションの高いお店は色々なリクエストをくれました。僕たちもそれに応えるべく、店舗のディスプレイツールを作ったり、イベントを開催したり、色々な活動をしていました。そうしたお店からは「もっと商品が必要だ」とオーダーが入っていました。

ところが、そうではないお店が現れ始めていたのです。それはつまり、市場在庫が滞留し始めていたということでもありました。そもそも、２０１５年時点で30店舗ほどだったＯｎ取扱店舗数は、２０１８年で３００店舗を超える規模になっていました。取扱店舗数が増えるに従って、僕やカズをはじめとしたセールスチームの手が回らなくなっていったのです。販売スタッフ向けの勉強会が手薄になってしまったお店が出てきたのです。

冷静に考えてみれば、取扱店舗数が10倍になったなら、売上が10倍になることに何の不思議もありません。もし、全ての取扱店舗のセルアウト数が2倍になった上で、店舗数が10倍になっていたなら、単純計算で売上は20倍になっていたはずです。しかし、そうなってはいませんでした。つまり、セルインは順調でも、セルアウトに問題がある可能性が高いということでした。ここにもっと早く気付くべきでした。気付くのが遅かった理由の一つには、問屋経由で取引しているお店のセルアウトデータが見えづらかったことがありました。しかし、何よりも、新規店舗開拓と主要店舗の販売サポートに注力しすぎて、取りこぼしているものに気が付くのが遅れたためです。僕の責任でした。

そのことに気が付いたのは、２０１８年の冬でした。

Ｏｎジャパンを立ち上げた２０１５年当時の僕は、とにかく二度と日本からＯｎを撤退させないことが願いでした。僕を信じて仲間に加わってくれた社員もいました。取扱店舗の数を増やし、売上を立て、お金を回収することで、会社を潰すまいと必死でした。

だから、２０１５年〜２０１８年の3年間を、僕は「サバイバル期」と呼んでいます。しかし、サバイバル期は終わりを告げ、２０１９年からは再構築期、リストラクチャリング期に入らざるを得なくなったのでした。

このままでは成長は止まる、と思いました。その危惧は２０１９年に現実のものになります。

新しい職種「テックレップ」を導入する

２０１９年の春、恐れていたことが現実になりました。セルアウトしていない店舗に、次のシーズンからの新商品を納品するのが難しくなってきたのです。

「次のシーズンの商品ですが、一部キャンセルさせてくれませんか」という話が商談で出始めたのです。Ｏｎジャパンをスタートさせて以来、初めての出来事でした。

僕はチューリッヒに行ったタイミングで役員たちに、こう言いました。

「店舗をフルサポートするチームを編成したい。人を雇わせてほしい」

組織したいと思っていたのは、セールスチームの中に「テックレップ」チームを作ることでした。テクノロジー・レプレゼンタティブの略です。Ｏｎのテクノロジーや商品を伝える代表者という意味です。


ヒントはドイツにありました。ドイツでは、セールスチームがランニングに詳しい学生などをアルバイトとして雇い、販売スタッフ向けの勉強会だけを徹底してやるチームを編成していたのです。それが、テックレップでした。僕は、日本版テックレップチームを作る必要があると思ったのです。


ただし、日本ではアルバイトスタッフを雇うのは止めておこうと判断しました。販売スタッフからの信頼を獲得するという意味で、正社員でテックレップチームを作りたかったのです。

僕はセールスにいた社員の一人をテックレップチームのリーダーにコンバートした上で、新たに採用を進めました。そうして組織した日本版テックレップチームのメンバーに、全国に広がっていた取扱店舗を全て回ってもらうことにしたのです。北海道から沖縄まで、全てです。それは典型的なローラー作戦でした。

テックレップチームには、重要な店舗なら1ヶ月に2回、3回と訪問してほしい、遠方の店舗でも3ヶ月に1回は行ってほしい、とお願いしました。一方、セールスチームには徹底的にお店のデータを見てもらうようにしました。毎月のセルアウト数、在庫状況と欠品状況。そして、それを踏まえたディスプレイツール改善提案、諸々の情報提供、イベント提案を進めてもらいました。

テックレップチームの導入と、セールスチームとの分業で、それまで溜まっていた市場在庫を全てさばくまでには至らないものの、状況はかなり改善しました。ただ、お店の在庫状況を改善するまでは、セルインはできないものと覚悟していました。

2019年、とうとうOnジャパンの売上の伸びは止まりました。しかし、僕の中に焦りはありませんでした。市場在庫がはけて、セルインとセルアウトのバランスが取れるサイクルに入れば、2020年から再び伸びが始まると考えていたのです。

折しも、ロジャー・フェデラーがOnに参画するという明るいニュースもありました。ブランドの勢いは止まっていない。適切な対策をとれば、必ずうまくいくと信じていました。

そして2020年。やってきたのは、新型コロナウィルスでした。

2020年春、新型コロナがやってきた

テックレップチームを作ったことでセルアウトに良い変化が生まれ、2020年の下半期くらいから再びOnの成長が始まっていくだろうと確信していた矢先、世界が新型コロナに席巻されることになってしまいました。

3月に不穏な気配を感じていたら、4月に緊急事態宣言が発令され、日本中がコロナ禍に見舞われました。これは、全国の小売事業には深刻なダメージになるだろうと察しました。

テックレップチームがサポートし、店頭で売り方が理解され、商品の知識が深まっても、そもそもエンドユーザーの来店がない。お店も営業できない。となれば当然、在庫が減るわけがありません。

在庫が膨れ上がることは、お店のオーナーにとって恐怖そのものです。店頭でセルアウトしなくても、在庫分の支払いはしないといけないからです。キャッシュが回らなくなり、倒産の危機が訪れる。日本中から悲鳴が聞こえてくるようでした。

新型コロナはもちろん世界中を襲っていたわけですが、アメリカや欧州が日本と違ったのは、オンライン販売がかなり進んでいたことです。

とりわけアメリカは、もともと街と街が遠く離れており、車で数時間かかるところも多い。わざわざ車で遠方まで買い物をせず、オンラインで購入するという文化が広く受け入れられていました。だから、コロナ禍で街がロックダウンしたとしても、買い物自体はオンラインで済ませることに抵抗はなかったのです。

「ロックダウンでお店が閉まるなら、オンラインでカバーすればいい」

これが、アメリカや欧州の発想でした。実際Onでは、オンライン販売の売上で、実店舗の落ち込みを充分にカバーするどころか、むしろ大きく上回る取引先すらあったのです。コロナ禍で健康志向が高まり、ランニング需要が向上した追い風もありました。

しかし、日本ではそうはいきませんでした。今でこそ随分と様変わりしましたが、2020年頃まではランニングシューズは実店舗で買うもの、というのが根強い考え方でした。店頭で試し履きして、それから買うという購買パターンが多かった。ですから、実店舗の売上の落ち込みを、オンラインでカバーすることはできませんでした。

「どうして日本人はネットで買い物しないのか」

そのようにスイス本社から聞かれたのですが、「日本人の国民性」「そのような購買パターンが主流」としか答えようがありませんでした。

ただ、僕はこの状況がずっと続くとは思っていませんでした。2020年4月から5月までの緊急事態宣言が過ぎるまでは、テックレップチームには電話やオンラインミーティングでのサポートに徹してもらいました。

5月25日に緊急事態宣言が明けると、お店の時短営業などが引き続き行われてはいても、少しずつチームは動き出しました。そして、これが大きな効果を生むことになります。

気持ちはお店と共に

コロナ禍でダメージを受けている小売店にとって、テックレップチームのサポートはこれまで以上に大切になるだろうと思いました。

だから、僕は当時のテックレップ・マネージャーに、できる限りのサポートをしてほしいとお願いしました。もちろん、簡単な話ではありませんでした。

彼からは、こんな報告が入ります。

「そもそもお店に入れません……。メーカーさんは極力お店に来ないで、と言われています」

僕は言いました。

「では、Zoomでもいいし、電話でもいい。まずは連絡して、気持ちは一緒にあることを伝え続けよう。お店をサポートできることがあるなら、是非やってほしい」

これもまた、コミュニティビルディングの発想でした。まずは仲間であることを示し、寄り添うということです。テックレップチームはオンラインを最大限活用し、お店のスタッフのための勉強会を日々積み重ねていってくれました。

お店のスタッフからは、「こんなときに変わらないでいてくれるＯｎはありがたい」と言っていただいたそうです。テックレップチームが頑張ってくれたのです。こうして、お店のスタッフの心の中にＯｎが残りました。

だから、緊急事態宣言が明けて、世の中の雰囲気に変化が見られたら、大きく反転すると思っていました。本社にもそれを伝えました。コントロールできないことについて頭を悩ませるより、コントロールできることに集中する、と。それを本社も見守ってくれました。

#誰もいなくても俺はやる

緊急事態宣言やまん防（まん延防止等重点措置）が解除されると、僕個人としてのランニングイベントをやっていきました。あくまで個人的なイベントです。インスタグラムで告知はしましたが、あえてイベントとも書きませんでした。

「〇月〇日　朝10時　桜木町駅前　#誰もいなくても俺はやる」

告知だけ。人数確認はしない。リマインドもしない。誰かが来てくれたら嬉しいけど、誰もいなくても1人でやる。そんな投稿をすると、10人、20人とOnFriendsが集まってくれました。みんな、本当は集まりたかった。そして、一緒にランニングを楽しみたかったのです。人はお祭りを求めている。それを実感しました。

もともと、OnFriendsコミュニティは、フェイスブックやインスタグラムなどのSNSで生まれました。「#OnFriends」のハッシュタグを付けて投稿すると、別の誰かがそれを見つけ、繋がりが生まれるというわけです。OnFriendsコミュニティでは、その成り立ちからして、オンラインでのコミュニケーションが極めて重要でした。

緊急事態宣言やまん防の時期でも、それぞれの日常は発信されていました。1人でそれぞれ走っている姿を、多くのOnFriendsが投稿してくれました。僕も投稿していきました。全国で友達が走っているのを見て、勇気付けられたという人も多かった。なかなか会えないけれど、ランニングを楽しむという想いが変わっていないことを確かめることができたのです。

だから、リアルなイベントがない期間も、OnFriendsの関係性は完全には途切れることがありませんでした。もし、OnFriendsコミュニティをオフラインに限定していたら、そうはならなかったと思います。その意味で、「#OnFriends」のハッシュタグを基点に、ふんわりと繋がる形をとったことは良かったのだと思います。

でも、それでも、やはり顔を見て一緒に走ることの楽しさは格別でした。本当は集まりたくて、一緒に走りたかった。そう言ってくれる人の泣き笑いのような顔を見て、僕は「#誰もいなくても俺はやる」シリーズを続行してゆくのでした。

成功や失敗を点で見ない方が良い

2020年は、Onジャパンの立場だけで見ると過去最低の年となりました。本社の協力を得て、市場の滞留在庫の返品を受けた上、次のシーズンに向けて予《あらかじ》めいただいていたオーダーのキャンセルも受け、セルインを極限まで減らしたのです。

しかし、僕の中では、これがその後の飛躍に繋がると思っていました。あるいは、そう信じようと思っていました。

この頃の僕は、「成功や失敗を点で見ない方が良い」と自分自身にもチームにも言い聞かせていました。失敗のように見える出来事が今起きていたとしても、それが本当に失敗なのかどうかは、現時点では判断できないからです。未来を完全には見通すことのできない人の身で、成功や失敗を現時点で決めつけることはできないのです。

だから、決めつけずに「余白」を残しておこうと思いました。悪い出来事だと思われることが今起きていたとしても、後になってみれば良いことへの転機だったと言えるように、正しいと信じることをやり続けよう。そう発信していました。

そう自分に言い聞かせてきた2020年が終わり、2021年になると、一つ嬉しいニュースが飛び込んできました。市場データを分析してみたところ、2020年のセルアウトは2019年と比較して、実に6倍強という驚異的な結果を見せていたのです。テックレップチームによる店舗サポートが実を結んでいたのです。

セルインという面では過去最低の年に見えていたのが、セルアウトという面に光を当ててみれば、過去最良の年だったのです。

この2020年を最後に、再構築期は終わりを告げます。2021年から、一気にセルアウト・セルイン共に伸ばしていくことになります。Onジャパンにとっての、飛躍期が始まったのです。

折しも、この年の夏に開催されたのが、コロナ禍で延期になっていた東京オリンピックでした。そして、僕たちOnの社員にとっても、OnFriendsにとっても、嬉しい光景がテレビに広がったのでした。東京オリンピック開会式で、スイス選手団が全身Onを身にまとって入場してきたのです。

「スイスがOnだ‼」

OnFriendsコミュニティは、SNSで大いに盛り上がっていました。自分たちが応援してきたOnを、スイス代表チームが身につけている。Onがナショナルブランドになったことを、オリンピックの舞台で見ることができたのです。

僕のところには、ダイレクトメッセージが次々にやってきました。

「Onがオリンピックの舞台に！」

「駒田さん、おめでとうございます！」

「まるで子供が遠いところに行ってしまったような。嬉しいような、寂しいような……」

「でも、Onは変わらずフレンドリーなままでいてくださいね」

そのメッセージの全てに目を通し、できる限り返事をして、「フレンドリーなままでいて」という願いを肝に銘じたのでした。

ニューヨーク証券取引所にOnが上場

さらにもう一つ、大きな出来事がありました。2021年9月15日、Onがニューヨーク証券取引所に上場したのです。

その朝、共同創業者の3人は、ニューヨークの旗艦店舗からニューヨーク証券取引所まで100人のランナーと共に駆けつけました。なんともOnらしい上場でした。そして、上場時に鐘を鳴らす恒例のセレモニーが行われました。

当時の映像が残っているのですが、オリヴィエとキャスパー、デイビッドの後ろには、日本の国旗を背負った僕がモニターに映っています。上場式典にオンラインでも参加してほしい、と言ってもらえたのです。

オリヴィエが鐘を鳴らし、キャスパーと抱き合うシーンをモニターの向こう側で眺めていた僕は、これまでのことを思い出していました。

すると、キャスパーが僕の映っているモニターを見て、スマホを触るのが見えました。同時に、僕のスマホにメッセージが届きました。

「ヒロキ、どんな気持ちだ?」

僕は返信をしました。

「キャスパー、おめでとう。夢のようだよ」

すると、短くこのように返信が来ました。

「Thank you, my friend. Dream On.」

その日に飲んだビールの味は、忘れられないものになりました。

コロナ太りから雑誌「ターザン」登場へ

Onにとって2021年最大のニュースは、ニューヨーク証券取引所への上場でした。その横で、ひっそりと個人的なニュースもありました。

2020年、コロナがやってきて、僕の身体に異変が起きました。別に風邪をひいたわけではなく、身体のフォルムに異変が起きたのです。

2019年までは、レースにイベントにと精力的に身体を動かしてきました。しかし、2020年に入ってレースはことごとく中止。イベントも一気に減ってしまいました。一方で、自粛と時短営業で苦しむ飲食店の様子を見ていた僕は、運動もそこそこに妻のまどかと食べ歩きを繰り返していたのです。「横浜の飲食店は俺が守る」などと言いながら。

もうお分かりかもしれません。わずかな期間で、なんと8キロも太ってしまったのです。2020年11月のある日、靴紐を結ぼうとしたらお腹が引っ掛かってしまったことがありました。

「あ、でも気のせいだよね」

とまどかに言うと、遠い目でこう言われました。

「大きくなったねぇ。あんなに運動好きだったのに……」

こうして、僕は近所のゴールドジムに転がり込みました。

それからは減量の日々でした。ひとりで走ったり、ジムでウェイトトレーニングをやったり。その様子をインスタグラムにアップしていると、2021年3月にマガジンハウスの雑誌「ターザン」編集部から連絡が入りました。

「やってますね、駒田さん！　『筋肉図鑑』に出ませんか？」

ターザンの名物コーナー「筋肉図鑑」とは、有名なタレントやアスリートが自らのチャームポイントとなる筋肉を披露する恐るべきコーナーです。シャレにならん、と思いました。俺はただコロナ太りを解消したいだけで、そんなのは畏れ多すぎる。そうまどかに話をしたら、こう言われてしまったのです。

「どうして出ないの？　普通の人は、お願いしたって出してもらえないんだよ。迷ったときは面白い方に行こう、と博紀はいつも言ってるじゃん。やればいいのに」

ぐうの音も出ませんでした。ターザン編集部に「出させてください」と連絡を入れ、そこからさらに熱心にトレーニングに励みました。毎日のようにジムに行き、5月からはまどかの協力を得てオートミール生活を始めました。

ウェイトトレーニングしている姿。飼い猫に見守られ、オートミールを食べている姿。泳ぎに行っている姿。クタクタに疲れて猫と寝ている姿……。そんな様子をSNSにアップしました。

雑誌の企画で12キロ減。

OnFriendsは、新しい僕のチャレンジを面白がってくれていたようでした。

こうして、コロナ太り最盛期から12キロ減を達成し、2021年8月、ターザンの撮影にのぞみました。もちろんSNSにアップしたのですが、このときもOnFriendsは笑ってくれました。

何か新しいことをやるとき、いつでも全力で楽しもうと思っています。それを見て周りの人たちも楽しんでくれるのは、本当に幸せなことだなと思います。

原宿キャットストリートに「On Tokyo」オープン

2021年から始まったOnジャパン飛躍期を象徴するエピソードは、これかもしれません。

2022年4月8日、原宿のキャットストリートにOnの旗艦店舗「On Tokyo」がオープンしたことです。ニューヨークに次いで、世界で2番目の旗艦店舗でした。

ロジャー・フェデラーが加わったあたりから、Ｏｎはすでにランニングシューズだけのブランドではなくなっていました。アパレル、アウトドア、ライフスタイルと、商品展開を拡大していったのです。

そうなると、ランニング専門店やスポーツ量販店のシューズコーナーの一角では、Ｏｎの世界観を表現しきれなくなります。そこで、Ｏｎの世界観を余すところなく表現できる場所が必要になるだろうということで、２０２０年にニューヨークに1店舗目の旗艦店舗が誕生したのです。

すでに書きましたが、原宿キャットストリートは思い出深い場所でした。Ｏｎジャパンを立ち上げようとしていたとき、キャスパーが気に入ったのがこの場所だったのです。

あれから7年。ニューヨークに次ぐ、世界で2番目の旗艦店舗の場所として東京が候補地に挙がったと聞いた僕は、真っ先にキャットストリートをイメージしました。すると、キャスパーと

On Tokyo の外観。

二人で「このあたりに出したいね」と言っていた場所の、まさに隣に新築の建物ができていたのでした。

直感的にこれだ、と思いました。しかも、コロナ禍でまだ入居者が決まっていませんでした。スケルトン状態で、自由にデザインもできました。全てが完璧でした。

一方、社内には「キャットストリートに旗艦店舗なんて……」という声もありました。実際、コロナ禍の頃はほとんど人通りがなかったからです。それなのに、いまだに家賃は高額。本当に大丈夫なのか、と。

でも、色々な偶然は神様からのメッセージだと僕は受け止めていました。そういうメッセージをみすみす逃したら、二度目のチャンスは転がってこないと思いました。単なる直感と言われればそれまでですが、僕はそうした直感を大事にしてきたのです。

場所が決まり、スイスのアーキテクトチームが総力を挙げてデザインして生まれたのが、地下がストックスペース、1-2階が店舗スペース、3階が会議室兼コミュニティスペースのOn Tokyoでした。

ちなみに、具体的な金額は述べませんが、その家賃には驚きました。年間400万円のマーケティング予算しかなかった時代を思い起こせば、夢のようだと思いました。

２０２２年4月9日。On Tokyoグランドオープンの翌日の土曜日、僕は「Ｏｎ世界最大のコミュニティラン」を企画しました。インスタグラムやフェイスブック、各社員の個人的な繋がり。全てのチャンネルで、OnFriendsに呼びかけました。

「みんなのホームの誕生を祝って、チームランをしよう」

そして集まったのは、全身Ｏｎのランナー１２０名。大阪から、名古屋から、神戸から、福岡から、文字通り全国各地からこのために集まってくれた仲間たちでした。

この頃から、僕の中で一つのイメージがより鮮明に、具体的になっていきました。そして、その時は近いのだと思いました。

それは、人と人を繋ぎ、笑顔を広める旅。日本中から集まってくれたこの人たちに、感謝を伝える旅。その旅の名前には、ずっと温めてきたものを使おう。そう思いました。

On史上、最大人数が参加したコミュニティラン。

メディア露出がコミュニティで拡散、増幅された

飛躍期に入った2021年以降、Onジャパンの販売数は文字通り飛躍的に伸び始めました。日本上陸年の2013年と比較すれば、数十倍の規模です。もはや、計算が意味をなさないほどになっていきました。

その背景には、「クラウドモンスター」「クラウド5」といったベストセラーが登場してきたことが大きな意味を持ちました。そして、これまで取り組んできたコミュニティビルディングに伝統的なマーケティング戦略を加えることで、相乗効果を生んだのだと考えています。

DKSHジャパン時代、年間400万円のマーケティング予算しかありませんでしたが、当時僕が算出した希望のマーケティング予算を超える金額を使えるようになったのです。

こうなれば、かつて願っていたようなアッパーファネルへの投資ができるようになります。雑誌や新聞などへの露出、大型スポーツイベントへの協賛、そして屋外広告。これらのアッパーファネルへの投資が大きな効果を生み始めたのです。

これまではお金がありませんでしたから、今で言うコミュニティマーケティングの手法でコツコツとOnのファンを増やしていきました。ファネルで言うと、一番下の部分を固めていったわ

けです。

一方で、アッパーファネルへの投資はほぼできませんでした。つまり、思うようなメディア露出はできなかったのです。基本的にはPR活動を行うことで、新商品発売のタイミングでメディアに拾ってもらうことがほとんどでした。

2020年春、役員たちに「今後の計画」をプレゼンしたとき、僕の中で課題は明確でした。今後、Onが日本で飛躍するためには、いよいよアッパーファネル投資が必須な段階なのだと訴えました。

そして、アッパーファネル投資のための予算をもらえたことで、僕たちはファッション誌やビジネス誌、スポーツ誌などとタイアップができるようになりました。また、YouTuberをはじめとしたインフルエンサーたちとも積極的にコラボレーションできるようになりました。こうしたアッパーファネル投資が確実に効果を生み、Onの認知度が急上昇していったのです。

ただ、もし2013年、あるいは2015年に同じことをしたとしても、このような結果にはならなかったと思います。たとえるなら、穴の開いたバケツにどんどん水を注ぎ込むようなものです。あるいは、コミュニティの殻に弾かれて終わりだったでしょう。人は、知りもしないブランドのマーケティングメッセージを額面通りには受け取らないからです。

しかし、Ｏｎジャパンは２０１３年から数えて7年間、ファネルの土台部分を作り上げてきました。その結果、何が起きたかと言えば、各方面でのＯｎの露出をコミュニティが喜んでくれたのです。「私たちのＯｎがこんなところにも出ている」「やっぱりＯｎはカッコいいブランドだったんだ」……こうして、ＳＮＳを通じてメディア露出の効果がさらに増幅されていきました。

例えば、Ｏｎが渋谷スクランブル交差点の4面モニターに露出すると、それをOnFriendsが撮影してＳＮＳで拡散されていく。そういうことが何度もありました。その結果、より多くの人にＯｎが知れ渡っていったのです。

OnFriendsコミュニティという土台があったからこそ、このような現象が起きた。メディア露出はＳＮＳで増幅され、爆発的な勢いでＯｎは広がっていくことになったのです。

新たな任務「ヘッド・オブ・コミュニティ」

日本でメディア露出をはじめとしたアッパーファネル投資を進めていくのと同時に、グローバルでＯｎが意識したのは、これまで以上にコミュニティビルディングを意識しようということでした。

２０２２年1月、僕はＯｎジャパンの代表（現場監督）でありながら、同時に「ヘッド・オブ・コミュニティ」という役割をいただくことになりました。Ｏｎはこの年、全社としてコミュニティマーケティングを加速させると宣言したのです。それまでも、コミュニティという言葉は使われていましたが、よりハッキリ「コミュニティが大事」と言われるようになりました。

久しぶりにキャスパーと電話で話したとき、こう言われました。

「コミュニティマーケティングは、普通のマーケティングと違ってセオリーがない。だから、日本ではヒロキが進めてくれ」

アメリカやスイスでも、ヘッド・オブ・コミュニティの採用が進められました。僕にとっては、古くて新しい役目でした。もちろん、引き受けました。

２０１３年からずっとやってきたことを、より意識して取り組むことになりました。チームはまずは僕一人。コミュニティといっても、具体的な形になっているわけではありません。メンバーシッププログラムをやっているわけではないのです。メンバーの人数を明確に数えられるというものでもない。

僕は、それを「雲のようなコミュニティ」と表現していました。オンラインで繋がる雲です。一人ひとりのコミュニティメンバーは、雨粒のようなもの。その雨粒に熱量を加えると、ふわりと広がって雲になる。

Onの象徴は雲。

Onの象徴はクラウド、雲です。ソフトな着地とパワフルな蹴り出しで、走る楽しさのスイッチをオンにする。それは、まるで雲の上を走るかのような感触です。これが、Onというブランドネームの起源であり、クラウドテックという世界特許技術の原点でした。商品名のほぼ全てに「クラウド」の冠がついているのは、そのような理由からです。

同様にコミュニティも、クラウドだと僕は思いました。

「雨粒としての僕たち一人ひとりが、太陽の熱と光を得て、雲になって広がっていく」

「OnFriends」という言葉を生み出した2016年から、僕はずっとそんなイメージを持っていました。そして、それに全社的に本気で取り組むことになった。僕の中では、感慨深いものがありました。

ウェスティンホテルとのコラボ「runWESTIN with On」

ヘッド・オブ・コミュニティの役目をもらった僕は、新しいことを始めてみようと思いました。そのとき、縁あってパートナーになってもらったのが、ウェスティンホテルでした。

ウェスティンホテルは、ウェルビーイングをブランドコンセプトに掲げています。だから、「ランニングを楽しくする」を掲げて創業されたＯｎとは、近い世界観を持っていたのです。これは、以前に触れたRuntripとの取り組みがうまくいった理由と同じです。

僕たちＯｎには、ランニングイベントを行ってきた経験というソフトがありました。そして、ウェスティンホテルには素晴らしいホテルというハードがある。パートナーシップを組めば、きっと面白いことができると思いました。

こうして始まったのが、「runWESTIN with On」でした。今では、東京・恵比寿のウェスティンホテル東京で毎月開催されており、募集と同時にチケットが完売する人気イベントになっています。横浜・みなとみらいのウェスティンホテル横浜でも、３ヶ月に1回のペースで開催され、好評を博しています。

イベントの内容はシンプルです。ホテルに集合して、僕たちの提案するランニングコースで写真を撮りながら走って、ホテルに戻る。そして、ウェスティンホテルのシェフたちが特別に作ってくれた軽食と飲み物を楽しむ。チームで気持ち良く走って、東京や横浜の美しい景色、素晴らしい飲食を楽しむというイベントです。

そしてここから、また新たなイベントが生まれました。runWESTIN with Onの定例イベントで走っていたとき、ふと思いついたのです。ウェスティンホテル東京と横浜、両方をランニングで繋げられたら面白いのではないか。走り終えて軽食を食べながら参加者にヒアリングしたところ、「絶対に行きます」と次々に賛同してもらえました。

そこで、イベントの終了時に「こんなイベントをやったら参加したいですか?」と皆さんに問いかけてみると、ほぼ全員が手を挙げてくれたのでした。それをウェスティンホテル東京の皆さんも見ていました。

「じゃあ、やりましょう!」

ウェスティンホテル側に許可を取る前に、僕はそう言ってしまいました。その後、「きっとみんなに喜んでもらえるから、一緒にやりましょう」とお願いしたのです。ウェスティンホテルの皆さんは、快く賛成してくれました。

こうして、ウェスティンホテル東京とウェスティンホテル横浜で、プロジェクトチームが発足しました。こうして誕生したのが、「runWESTIN with On from Tokyo to Yokohama」でした。

コミュニティメンバーとは、ある価値観に共鳴する人たち

これは、泊まりがけのイベントです。金曜日の夕方にウェスティンホテル東京に集合し、OnとウェスティンのブランドプレゼンテーションRを聞いてもらった後は、ホテル宿泊券やスパトリートメント券、お食事券、Onのプロダクトなどが当たるクイズ大会を含めたパーティーを実施。

宿泊して疲れを取ってもらった翌日は、東京から横浜まで約25キロをランニング。ウェスティンホテル横浜に着いたら、ランチパーティーで解散。希望者はプールやサウナも楽しめました。

イベント募集人数は30人。こちらも定例イベントと同様、募集開始直後に完売してしまいました。このイベントの参加費は、一見高額です。しかし、実際はとてもリーズナブル。宿泊できるのはもちろんですが、ディナーパーティーも、朝食のビュッフェも、ランチパーティーも料金に含まれていました。クイズ大会で豪華景品がもらえたりもする。詳細はあえて明かしませんが、Onからもプレゼントを用意しました。

参加者のチェックイン後、皆さんのインスタグラムから発信される動画を見るのは面白かった

runWESTIN with On from Tokyo to Yokohama.

です。興奮が画面の向こうからでも伝わってきたからです。

東京から横浜までの約25キロを走破し、ウェスティンホテル横浜でランチパーティーをしているとき、「この逆もやろう」と考えました。ウェスティンホテル横浜の総支配人から、「Yokohama to Tokyoもやってくれ！」と迫られたのも大きな理由です。かつて東京でやったのと同じように、「参加したい人はいますか？」と聞いてみたところ、全員の手が挙がりました。このイベントも、募集開始と同時に完売しました。

２０１６年、自分の中にだけあった概念に「OnFrineds」という名前をつけたとき、考えたことがありました。OnFriendsとは、Ｏｎを購入してくれるエンドユーザーだけを意味しない。Ｏｎの価値観に共感し、Ｏｎを支えてくれる方々全てを含む概念だ、と。それは、取引先もメディアも含むものだと考えていました。

そして、このrunWESTIN with Onの取り組みで、さらに気が付きました。ウェスティンホテルのようなパートナー企業も、同じくOnFriendsコミュニティだったのだと。

Hokkaido is On.

２０２０年に役員に提案した計画によってアッパーファネル投資が進み、ブランド認知度が大きく高まるのに伴って、Ｏｎジャパンのコミュニティビルディングは次のレベルに入りつつあると感じました。ウェスティンホテルとの取り組みはその一つです。

そして、２０２２年に入ってまた大きな動きがありました。北海道マラソンのオフィシャルウエアパートナーになったことです。２０１９年のRuntrip via On JAPAN TOURで札幌に行ったとき、「また必ず北海道に来てくださいね」という熱いメッセージを現地のランナーからいただきました。ところが、２０２０年からのコロナ禍もあってそれは実現せず、申し訳ないという心残りがありました。

そんな折、北海道マラソンのスポンサーになることが決まったのです。北海道のみならず、全国のOnFriendsコミュニティが喜んでくれました。北海道マラソンＥＸＰＯのＯｎブースには、かつての東京マラソンEXPOのように全国から仲間たちが集まり、同窓会のような、お祭りのような雰囲気になりました。

北海道マラソンにおけるコミュニティビルディングとして僕が考えたのは、「レース前・中・後、全てをOnがサポートする」ということでした。レース前日のカーボパーティーをRuntripと共催し、レース当日は、25キロ地点にOnのスペシャルエイドステーションを設けました。そこではドリンクの提供はもちろんのこと、ポータブルマッサージガン「Hypervolt（ハイパーボルト）」で僕がランナーをマッサージするという、通称「ハイパーボルト天国」というサービスも行いました。その様子は、RuntripのYouTubeチャンネルでリアルタイムに配信されました。そしてレース翌日は、北海道マラソンの大会記念Tシャツをみんなで着て、リカバリーチームランを行ったのです。

runWESTIN with On in Yokohama.

ハイパーボルト天国の一幕。

北海道マラソンのような大きな大会に協賛することになるとは、かつては想像もできませんでした。ただ、大きなことができるようになったからといって、僕自身は変わりませんでした。初心を忘れてはならない、といつも思っていたからです。「フレンドリーなままでいて」というファンの願いを肝に銘じていたからです。ハイパーボルト天国で約１０００人のランナーの足腰をマッサージしながら、僕は大きな喜びを感じていました。

北海道マラソンに加えて、もう一つ新しい動きがありました。２０２３年1月の北海道日本ハムファイターズとのパートナーシップ契約締結です。その背景には、ファイターズ スポーツ&エンターテイメントの方が、古くからのOnFriendsだったという繋がりがありました。２０２２年、横浜のＯｎジャパンのオフィスで、彼はこのように説明してくれました。

「今、北海道北広島市で新しい球場の建築が進んでいます。その球場を含む『北海道ボールパークFビレッジ』に、スポーツコミュニティを作りたい。コミュニティといえばＯｎです。一緒に

©H.N.F
エスコンフィールドHOKKAIDO。

盛り上げてくれませんか？」

この新しい球場こそ、後に大きな話題となるエスコンフィールドＨＯＫＫＡＩＤＯでした。

球場は３６５日のうち約80日しか試合では使いません。それ以外は空いているというのです。そこで、球場周辺を活用したコミュニティイベントをやってみたい。コミュニティといえばＯｎ。そんなわけで、僕に連絡をくれたのでした。

では、どんなコミュニティイベントができるのか。ウェスティンホテルのイベントを考えたときと同じように、ファイターズチームと共にアイデアを出し合いました。

エスコンフィールド周辺を走り、Ｆビレッジの中にあるパン屋さんで朝食を食べるというイベントや、エスコンフィールド内にある温浴施設でサウナに入ってからクラフトビールで乾杯するイベントなど、現在は月に１－２回定例イベントを開催しています。

そして、２０２３年９月には、エスコンフィールド内でＯｎ独自のランニング大会である「On SquadRace（Ｏｎスクワッドレース）」を開催しました。ランニングをチームスポーツにするというコンセプトで作られたスクワッドレースは、チームの平均タイムで勝負を競うものです。1人だけ速くても勝つことはできず、チームの総合力が試されます。チームのために全力を尽くし、それをチームメイトが全力で応援し、それによってまた鼓舞される。

僕もレースに参加し、エスコンフィールド内を駆け巡りました。参加者として走るだけではなく、他の参加者全てを応援し、フィニッシュラインでハイタッチしました。「フレンドリーなままでいて」というファンの願いを叶え続けたい、そう思いながら。

2023年9月開催、On SquadRace。

On日本上陸10周年。感謝を伝える旅

遡ること10年前。2013年2月21日、東京マラソンEXPO 2013（東京ビッグサイト）でOnは日本に上陸しました。

巨大なEXPO会場の片隅に小さなブースを構え、日本のランナーの皆さんに「Run on clouds（雲の上の走り）」について語りかけたときのことを、今もなお鮮明に覚えています。

文字通り知名度ゼロのブランドだったＯｎは、日本のランナーやトライアスリート、トレイルランナーやフィットネス愛好家の皆さんの応援で、日本に少しずつ根付いていくことになりました。

２０１５年5月1日、横浜・馬車道の小さなビルでＯｎジャパンを立ち上げました。立ち上げ時の社員は、僕を含めて３人でした。

当時からやりたいことはハッキリしていました。もっと多くの日本人に、Ｏｎの楽しさを知ってもらうこと。人と人を繫ぎ、笑顔を広めること。そのために僕たちは日本中を旅してきました。皆さんと共に街を、山を、レースを走ってきました。その旅の中で、「ランニングを楽しく」を創業時のミッションに掲げたＯｎの魂は、Ｏｎジャパンのメンバーのみならず、OnFriends コミュニティに着実に受け継がれていったのです。

日本上陸から10年。今やＯｎは、「世界で最も成長率の高いスポーツブランド」と呼ばれるようになりました。僕たちＯｎジャパンメンバーは、日本におけるＯｎの成長を支えてくださった取引先やビジネスパートナー、何より OnFriends コミュニティに深く感謝しています。

その感謝の意を込め、かねてから温めていたプランを実行することにしました。日本の各都市

On Tokyo でキャスパーと共に挨拶。

を繋ぐコミュニティランイベントの開催です。イベント名も決めていました。

題して、「Meet OnFriends Tour 2023」。

２０２３年３月５日、Ｏｎ日本上陸の地である東京ビッグサイトをスタートし、Ｏｎを日本に広める拠点である横浜を経由。そこから、Ｏｎジャパンにとって縁の深い土地をランニングで巡るのです。名古屋、大阪、神戸。神戸から四国を経て、広島へ。そして、広島からグランドフィナーレの福岡へ。総走行距離１７００キロの壮大な旅。

このイベントへの参加資格は設けませんでした。Ｏｎのシューズを履いていなくても、Ｏｎのアパレルを着ていなくても構いませんでした。だって、10年前は誰もＯｎのことなど知らなかったのですから。そんなことよりも、一緒に旅を楽しみたかったのです。Ｏｎの存在を、心に残してもらいたかったのです。

僕はＳＮＳを通じて各地のOnFriendsに呼びかけました。「皆さんの街の近くを走るとき、気が向いたら一緒に走ってください」と。１キロだけでも一緒に走ってくれたなら、その旅路が次の10年を紡いでくれるはずだから、と。

そして、最後にこのように伝えました。

これは、10周年を記念した感謝の旅。Ｏｎが皆さん一人ひとりに会いに行く、と。

Meet OnFriends Tour 2023スタート。

３月５日の朝８時、東京ビッグサイトの前には30人ほどのOnFriendsが集まっていました。抜けるような青空と明るい太陽を見上げたとき、「大切なときは必ず晴れる」と感じました。

不運な人生を歩んできたと思い込んだときもありましたが、いつも自分は誰かに助けられてきました。キャスパーに、オリヴィエに、取引先やビジネスパートナーに。社員たちに、家族に。そして、今ここにいるOnFriendsたちに、この様子を見守ってくれている全国のOnFriendsたちに。

そう思った瞬間、スタート前の挨拶中だったのに、堪えられず涙がこぼれました。サングラスをしていて良かったと思います。その場のみんなには、きっとバレていたと思いますが。

東京ビッグサイトから丸の内、御徒町や巣鴨を巡り、ウェスティンホテル東京を経由して、多摩川を渡ってウェスティンホテル横浜まで、ツアー初日は67キロを走りました。行く先々でOnFriendsと写真を撮り、SNSに投稿しながら進みました。「俺たちはここにいるぞ！」という気持ちを込めながら。

初日のフィニッシュ地点、ウェスティンホテル横浜に到着したら、サプライズが待っていました。総支配人のリチャード・スーターさんが「Happy birthday, On Japan!」と言うと、大きな誕生日ケーキが出てきたのです。

こうして、ツアー初日は、涙腺の緩みがちな日となりました。感謝を伝える恩返しの旅を始めたはずなのに、もっと感謝が積み重なっていくなぁ……と嬉しく思いながら。

人と人を繋げ、笑顔を広める。終わりのない旅

横浜を出て、僕たちは西へ向かいました。静岡、愛知、三重、滋賀、大阪、兵庫。淡路島を経

て徳島、香川、愛媛。しまなみ海道を自転車で渡って、広島、山口、そして福岡。

延べ42日間の旅の最中、僕は毎日ＳＮＳでGoogleマップの現在地情報を共有し続けました。

「本日のハマのダンディズムはこちら」

そうすると、それを見てOnFriendsが合流してくれました。面識のあった人も、はじめましての人も、毎日のように会いに来てくれたのです。２０１８年のツアーのときは誰も来てくれないことの方が多かったのに、今回、Ｏｎのメンバーだけで走った区間というのは、むしろ稀でした。

ウェスティンホテル横浜からサプライズのケーキ。

面白かったのは、合流することを事前に誰も教えてくれないことでした。きっと、皆さんサプライズ登場を仕掛けてくれたのだと思います。峠を越え、もう絶対に誰もいるはずがないという道を走っていると、遠くに全身Ｏｎのカップルが待っていたりするのです。手を振って「駒田さーん！」と声をかけてくれたりして……。

その人たちとハイタッチして、「ありがとう！」と言いながら一緒に走ると、疲れていたはずなのに、ものすごく鼓舞されました。そうした人たちと合流するたびに、僕の魂には火が灯っていきました。

「行動を通じて人の魂に火を灯す」

それは、ＯｎのブランドミッションそのものAです。出会う人たちが皆、それを実践してくれていました。彼らはＯｎの価値観を生きてくれていました。


僕が考えるOnFriendsコミュニティメンバーの条件とは、たった一つ。Ｏｎの魂、スピリッツを胸に生きていることです。Ｏｎを履いているとか、買ったことがあるとか、そういうことではありません。Ｏｎの価値観に共鳴していることが大事なのです。

すなわち、未知の冒険に挑む勇気（The Explorer Spirit）、より良い自分を作り上げる意志（The Athlete Spirit）、仲間を大切にする態度（The Team Spirit）、環境を守るために知恵を絞る気持ち（The Survivor Spirit）、そして、前向きに生きる意志（The Positive Spirit）を持った人たちです。この5つが、Ｏｎが大切にするスピリッツであり、このスピリッツを胸に生きている人たちが、僕の考える理想のOnFriendsコミュニティメンバーでした。


ツアーで出会った人たちは、このスピリッツを感じさせてくれる人たちばかりでした。その人たちと共に走り、その人たち同士が繋がっていく姿を見ることは、この上ない喜びでした。僕はついに理想のコミュニティの形を目にすることができたのです。そのために僕はＯｎジャパンを立ち上げ、この仕事を続けてきたのだと思いました。

いよいよＯｎは次のステージに向かうのだな、とふと思いました。0を1に、1を10に、そして10を50にするのには10年という時間がかかりました。それでも物事から逃げず、信じた道を歩み続け、再構築し、飛躍するところまで来ることができました。ここからは、また違うステージに入ることでしょう。

あの頃と比べれば、想像もつかないような、夢のような時代を迎えました。これから先、きっとＯｎはもっと成長していくと信じています。それでも、変わらずフレンドリーなブランドであり続けること。初心を忘れないこと。謙虚であること。それは、とても大事なことです。

Meet OnFriends Tour 2023の最終日、参加者の数は20人から50人、そして最終的には80人を超えるまでに膨れ上がっていました。その光景はまるで、大昔に観た映画「フォレスト・ガンプ」を思わせました。そういう光景を見たかった。それが、現実になったのです。

最終フィニッシュ地点は、博多のOnFriendsがオーナーを務めるカフェ「.AND READY（ドットアンドレディ）」。数十メートル先に、雲の形をしたゲートが見えます。その下には、2018年から旅の相棒となったクラウドモビール。

走るのをやめて歩きます。すぐ後ろには、仲間たちがいます。旅の途中で出会った人たちの想いが刻まれたバナーを掲げて。純粋な気持ちで集まってくれた人たちがその後ろにいます。みんなが繋いでくれたから、今僕たちはここにいます。

ゲートをくぐる直前、ほんの少しだけゲートを見上げました。雲のマーク。僕はこの雲の姿に魅せられ、以来10年間、転がり続けるように旅を続けてきたのです。

仲間たちの想いの詰まったバナーを背にして、僕はフィニッシュラインを越えました。

大きなクラッカーが鳴りました。金銀のテープが宙を舞います。1700キロを走破した仲間がテープまみれになっているのを見て、少し笑ってしまいました。僕はバナーを下ろすように、仲間たちに伝えます。

バナーの向こうには、たくさんのOnFriendsがクラウドモビールのヘッドライトに照らされて立っていました。みんなもゲートを越えてきます。たくさんの笑顔。僕は一人ひとりとハイタッチします。これをやろうと決めたとき、脳裏に浮かんだイメージと同じ。

あのとき、僕はこの光景を確かに見ました。この感情を、あのときも確かに感じていました。それが今まさに現実のものとして、目の前に広がっていました。

10年間。その全てが繋がりました。

「なぜ、日本にＯｎがなければいけないと思う？」

「Ｏｎは俺の人生を変えてくれたからだ」

「グッド。いい理由だ」

そのときから僕はＯｎに、楽しさに、全てを懸けました。楽しいとラクであることは違います。

それは、決して平坦な道ではありませんでした。

人と人を繋げ、笑顔を広める。その起点に自分がなる。あのとき思い描いた夢の途中で、僕は何度となく苦しみました。

Ｏｎは、そしてキャスパーはこう言います。「Dream On」と。Ｏｎが掲げる夢の力に、かつて僕は縋《すが》ったのだと思います。でも、それだけじゃない。思い返せば、たくさんの人の支えの中で歩いてきました。

だから、恩返しの旅を思いついたのです。東京から福岡まで１７００キロ。10年間の思い出の地を巡りながら、感謝の気持ちを一歩一歩に込めて。

そして、ようやくここに辿り着きました。あのとき思い描いた夢の形、そのままに。やりたかっ

Meet OnFriends Tour 2023、グランドフィナーレ。

たこと、夢見たことは、全てできました。

ただ、こうも思います。人と人を繋げ、笑顔を広めることに終わりはないと。いつの頃からか気が付いたこの使命を、これからも追い求めていこう。そう思いました。

「お前は何がやりたいんだよ！」

「それで楽しいのかよ！」

あの会話を思い出し、僕は泣き笑いの表情を浮かべていました。長かった。でもこれで、ようやくハッキリと言いきることができます。

俺はこれがやりたかったんだ。

俺は今、最高に楽しいよ。

グランドフィナーレの地・福岡でOnFriendsたちと。

おわりに

こうして、10年にわたるＯｎとの旅は終わりを告げました。

その理由を一言で表現するなら、「この場所における自らの役割を終えた」と確信するに至ったからです。

２０１３年、Ｏｎの日本輸入総代理店に勤めていた僕は、日本で最初のＯｎを受け取りました。「クラウドサーファー」と名付けられたその不思議なシューズは、ランニングが大嫌いだった僕にその魅力を教えてくれました。そして、スポーツを通じて出会った人たちとの繋がりの大切さに気づかせてくれました。

本文でも述べた通り、その当時、僕は家族と別れ、一人で人生を再スタートしようともがいていました。心の中に空白があったことは事実です。その空白を、Ｏｎとランニングƒ埋めてくれたような気がします。Ｏｎは僕の人生を前向きに変えてくれました。Ｏｎは僕にとって、ただの仕事でも商材でもなく、人生を豊かに変えてくれた大切な存在となったのです。

２０１４年、その大切なＯｎが日本撤退の危機を迎えました。紆余曲折を経て、２０１５年５月１日、横浜・馬車道の地でＯｎジャパンは立ち上がりました。そのとき、僕には心に決めたことがありました。それは、「二度とＯｎが日本から消えてしまわないよう全力を尽くす」ということでした。

それから、多くのことがありました。多くの取扱店舗を開拓しました。お店のスタッフにＯｎの話を聞いてもらいました。Ｏｎを多くの人に知っていただくため、メディアの皆さまの力を借りました。お金こそあまりありませんでしたが、多くの方々の助けを借りて、売上は少しずつ伸びていきました。ファンも増えていきました。

２０１７年９月のことです。スイス本社で開催された役員クラスが集まるミーティングで、「リーダーの究極のゴールとは何か？」というテーマのディスカッションがありました。一人ひとりのリーダーが、それぞれの考えを述べました。僕も自身の考えを拙い英語で伝えました。そのディスカッションの中で、役員の一人がこう言いました。

「自分自身がいなくなってもチームが存続できるようにすること。自分自身がいなくなれるようにすること」

その頃は、Ｏｎジャパンが産声をあげてからまだ2年です。僕がいなくなってしまったら、チームの存続はあり得ない。僕がそう考えたのは、彼の言葉の真の意味を理解していなかったからだと思います。ただ、不思議とその言葉は僕の心に残りました。

それ以後も、Ｏｎジャパンのメンバーは着実に増えていきました。新たなメンバーを採用する際、密かに意識していたのは、先の役員の言葉でした。「自分がいなくなってもチームが存続できるように」……そう考え、僕よりも優れた部分を持った人たちを採用するよう努めました。そして、僕がやってきたことを一つ、また一つとメンバーにお任せするようになっていきました。

２０２３年、Ｏｎ日本上陸10周年の節目に、毎年そうしてきたように、僕はこれまでの歩みを振り返りました。その当時、Ｏｎジャパンは50人を超えるメンバーを擁しており、売上は急速に伸び、マーケットシェアでも上位を占めるようになっていました。２０１３年当時のことを思い返せば、まるで夢のようでした。

そしてスタートしたMeet OnFriends Tour 2023。東京から福岡に向けて走る日々の中で、多くのOnFriendsたちとの出会いと別れを繰り返しながら、僕の心の中で確信が深まりました。２０１５年当時に心に決めたことと、２０１７年に受け取った言葉が、カチッとリンクしたのです。もう、Ｏｎが日本から消えることはないと確信できます。僕がいなくとも、チームは全く問題なく存続していけます。

ツアー最終日、福岡で僕が夢見てきた光景を目の当たりにしたとき、とても晴れやかな気持ちでこう思いました。“Mission accomplished.”……自分の役目は終わったのだ、と。

これから先は、Ｏｎで学ばせていただいたことやスピリッツ、生き方を胸に、新たな冒険に出てみようと考えています。２０２３年12月、僕の人生の師であり友人であり最初の上司でもあったキャスパー・コペッティから、このような言葉をもらいました。

「ヒロキはＯｎを離れても、Ｏｎなんだろう?」

人と人を繋げ、笑顔を広める。いつしか明確になった僕の個人的なミッションは、Ｏｎに本気で取り組んだからこそ気づくことのできたものでした。だから、僕はこれからもＯｎです。形は変わっても、僕はこのブランドを愛し、チームメンバーを大切に思い続けます。

最後に。

Ｏｎを長きにわたって応援してくださっているOnFriends の皆さまに、改めて感謝申し上げます。皆さまの応援のおかげで、Ｏｎは日本に根付くことができました。横浜オフィスの引っ越しやOn Tokyo オープンのときのお花とメッセージは、涙が出るほど嬉しかった。これからも、Ｏｎをどうぞよろしくお願いいたします。

また、Ｏｎを支えてくださっている取引先やメディアの皆さまにも改めて御礼を申し上げます。まだ何物でもなかったＯｎを見出し、多くの方々に届けることができたのは、皆さまのおかげです。

Ｏｎジャパン社員のみんな、ありがとうございました。僕は、一人では何もできなかったことを知っています。みんなのおかげで、Ｏｎは誰もが驚くほどの成長をすることができました。何より、多くのファンに愛していただけるブランドになりました。これからも、Ｏｎをよろしくお願いします。

Ｏｎジャパン立ち上げ時の最初の二人に、改めてこの場を借りて感謝の言葉を伝えたいと思います。カズとヤスコ。奇跡を共に作り上げ、目撃してくれたことに、本当に感謝しています。色々なことがありました。苦しかったこと、嬉しかったこと。Ｏｎがどんな状況にあっても、二人は変わらなかった。Ｏｎが大事にしてきたスピリッツを、二人は生きてくれた。二人との出会いこそ、僕にとっては奇跡でした。ありがとう。

そして、まどか。あのとき、俺の投稿をシェアしてくれてありがとう。それからもずっと応援し続けてくれてありがとう。「ご機嫌職人」な君がいてくれることで、何度となく救われてきました。小さく死んだ俺が戻ってこられたのは、君のおかげです。心の底から感謝しています。

本書を制作するにあたっては、幻冬舎の二本柳陵介さんにお世話になりました。構成にあたっては、ブックライターの上阪徹さんにもお世話になりました。お二人に深く感謝申し上げます。友人のウルトラランナー・みゃこも来てくれた、白馬での本書の制作合宿はとても楽しかったです。

本書がわずかでも、誰かの魂に火を灯す一助になることができましたら幸いです。

２０２４年２月　横浜にて

駒田　博紀

Profile

駒田博紀
元オン・ジャパン株式会社 代表 兼 Head of Community

1977年、東京都大田区生まれ。小児喘息に苦しみ、スポーツと無縁の少年時代を送る。中学校に入り、空手を学び始める。法政大学法学部卒業後、司法浪人を経て、スイス系商社「DKSHジャパン」でセールスとマーケティングを経験。2013年よりスイスのスポーツブランド「On」に携わり始め、最も嫌いなスポーツであったランニングを始める。2015年5月、日本法人「オン・ジャパン株式会社」を立ち上げ、Sales & Marketing Directorとして参画。2020年3月より同社代表を務め、2024年2月同社退職。現在はランニング、トレイルランニング、トライアスロンをライフスタイルとして楽しみ、走った後のビールをこよなく愛している。空手は準師範の腕前。あだ名は「ハマのダンディズム」。

Facebook: https://www.facebook.com/hiroki.komada
Instagram: https://www.instagram.com/hirokikomada/
X: https://twitter.com/hiroki_komada

なぜ、Onを履くと心にポッと火が灯るのか？
2024年3月29日　第1刷発行

著　者　駒田博紀
発行人　見城 徹
編集人　舘野晴彦
編集者　二本柳陵介

発行所　株式会社 幻冬舎
〒151-0051 東京都渋谷区千駄ヶ谷4-9-7
電話：03(5411)6445（編集）
　　　03(5411)6222（営業）
公式HP：https://www.gentosha.co.jp/

印刷・製本所　中央精版印刷株式会社

検印廃止

ISBN978-4-344-04225-4 C0030

この本に関するご意見・ご感想は、
右記アンケートフォームからお寄せください。
https://www.gentosha.co.jp/e/